石油及其产品检验检测技术

代新英　王　娇　何钦政　编著

东北林业大学出版社
Northeast Forestry University Press
·哈尔滨·

版权专有　侵权必究

举报电话：0451-82113295

图书在版编目（CIP）数据

石油及其产品检验检测技术 / 代新英，王娇，何钦政编著. —
哈尔滨：东北林业大学出版社，2023.4

ISBN 978-7-5674-3108-9

Ⅰ.①石… Ⅱ.①代… ②王…③何…Ⅲ.①石油产品－产品质
量－质量检验 Ⅳ.①TE626

中国国家版本馆CIP数据核字（2023）第068020号

责任编辑：许　然
封面设计：鲁　伟
出版发行：东北林业大学出版社
　　　　　　（哈尔滨市香坊区哈平六道街 6 号　邮编：150040）
印　　装：廊坊市广阳区九洲印刷厂
开　　本：787 mm × 1 092 mm　1/16
印　　张：14.5
字　　数：270千字
版　　次：2023年 4 月第 1 版
印　　次：2023年 4 月第 1 次印刷
书　　号：ISBN 978-7-5674-3108-9
定　　价：61.00元

如发现印装质量问题，请与出版社联系调换。（电话：0451-82113296　82191620）

前　言

　　石油作为重要的能源和工业原料,在未来若干年内将一直发挥着不可替代的作用,种类繁多的石油产品在国民经济的各个领域得到更加广泛的应用。随着科学技术的飞速发展和人们环保意识的日益增强,新的石油产品会不断出现,它对环境所产生的影响也必将越来越引起人们的关注,车用加铅汽油被取消就是很好的证明。石油行业是我国的支柱产业,是我国国民经济增长的重要推动力,相关企业的生存与发展直接关系着我国社会与经济的持续发展,甚至关系到国家的安危,而石油产品质量更是关系到石油产品安全生产和人民生命安全的主要因素。

　　本书共分为五章。第一章是石油评价及组成分析,介绍了石油评价、烃类组成、非烃类组成的测定及我国石油的特点;第二章是石油及其产品的取样,介绍了石油产品手动取样、自动取样及样品前处理的相关内容;第三章是石油及其产品元素定量分析。第四章对基本理化性能的检测做了相对详尽的介绍,由于石油不是纯化合物,它的密度、沸点、闪点等无固定值,测试要求在指定的条件下,在特定的仪器中,按标准规定的操作进行;第五章是蒸发性能的检测,蒸发性能是液体燃料的重要特性之一,它对石油产品的储存、输送和使用均有重要影响,也是生产、科研和设计的主要物性参数,油品的蒸发性能,通常是通过馏程、蒸汽压等指标体现出来的。

　　在编著本书的过程中,作者借鉴了大量著作及部分学者的理论研究成果,在此向著作和成果的所有者表示感谢。由于作者水平有限,加之时间仓促,书中难免存在疏漏与不足之处,望各位专家、学者与广大读者批评指正,以使本书更加完善。

作　者

2023 年 1 月

目　　录

第一章　石油评价及其组成分析

第一节　石油评价

一、石油的成因

石油中难以计数的烃类化合物和复杂的各种非烃类化合物究竟是从哪里来的？这就是石油的成因问题。多年来关于石油地质、地球化学和石油化学的研究，已使石油工作者对长期争论的各种石油成因的假说有了一个倾向性的看法。

按照石油原始物质的不同，其成因假说可分为无机和有机两大学派。前者认为，石油是由自然界的无机碳化物形成的；后者则认为，石油是由地质时期中的生物有机质形成的。由于在石油中发现了一系列带有生物有机物所特有的某些特征结构的标记化合物，使有机成因学派占了绝对优势。在有机成因学派中，又可根据主张石油形成在沉积物成岩作用的早期和晚期，分为早期成油和晚期成油两个分支。目前，晚期成油理论能解释更多的事实，因而是一种流行的理论。

按有机晚期成油理论，石油是沉积岩中不溶性有机质，即干酪根，经过长期的缓慢的热降解作用和裂解作用，在成岩作用的晚期才形成的。图1-1是石油形成的示意图。图中反映了石油有机物的大部分来源于干酪根，但也有一部分来源于生物有机物中的类脂化合物。石油中来源于类脂化合物的分子往往与生物有机物中的分子仅有微小的差别。这种能反映生物有机物特征的石油分子称为石油标记化合物。

石油中的聚异戊间二烯型烷烃和卟啉化合物是两类典型的石油标记化合物。生物圈中大量存在的叶绿素中的植醇链就是异戊间二烯型化合物的最丰富的来源（图1-2）。同样，叶绿素和血红素中存在的卟吩核则是石油中卟啉化合物的丰富来源。

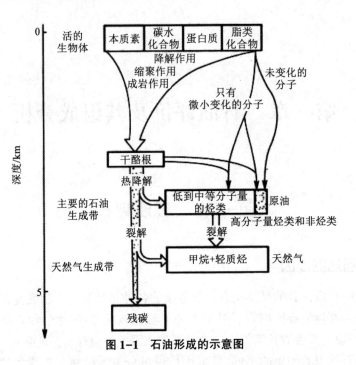

图 1-1　石油形成的示意图

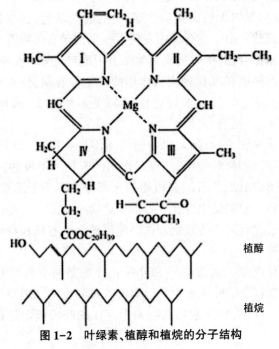

图 1-2　叶绿素、植醇和植烷的分子结构

晚期成油理论还认为,石油的大部分来源于干酪根的退化分解。随着沉积岩埋藏深度的增加,地温的升高,干酪根产生许多烃类分子,包括那些低碳原子数的烷烃、环烷烃和芳烃。生油反应包含了一系列连续的化学反应,生油量与温度及时间有关。石油烃的大量生成主要发生在深度为 1 000～4 000 m 的地层中,温度为 60～150 ℃,相应的生油时间在几百万年至几亿年。通过干酪根热降解得到的各种烃类一般不具有原始生物有机物分子的结构特性,正是这些烃类构成了石油烃类的主体。

刚生成的油气分散在生油层孔隙中,经过漫长的运移过程可以逐步富集在圈闭构造之中。石油在运移过程中,由于岩石的吸附作用,胶质和沥青质的含量明显减少。此外,石油在聚集之后,还会不断受到热降解、生物降解、水洗作用和蒸发作用,它的组成也会有不小的变化。

二、石油的分类

石油的性质随产地的不同,差别很大。即使在同一油田中,不同的油井、不同的采油层位,石油的组成和性质也有差别。为了掌握石油的性质,了解不同油井的石油质量的变化规律,需要对石油进行组成、性质的分析测定,以便根据石油的特性和国民经济的需要,制定合理的加工方案,取得最佳的经济效益。

在实验室采用特定的分离和分析方法,全面地测定、分析石油的性质及其可能得到的成品(或半成品)的性质和收率,这项工作称为石油评价。

石油评价工作已有悠久的历史。目前世界各国采用的评价方法及内容大体是相似的。石油评价通常包括石油的一般性质、馏分组成、各馏分的物理性质、化学组成以及各种石油产品的潜在产率及其主要的使用性能等。但由于各地石油性质不同,加工方案及产品需求的差别,具体地对某一石油做评价时,评价的内容,分析的项目要依据具体情况而定。我国在中华人民共和国成立初期就开始了对石油的研究工作,目前已有一个适合我国石油特点的比较完整的评价方法,对全国各大油田,也有较完整的评价数据。但在石油蒸馏仪器的自动化、多样化和蒸馏深度方面,在石油数据库的建立方面,在利用计算机进行数据关联及混合石油评价数据的估算等方面,还需要做大量的工作。可以预料,随着我国石油工业的发展和近代先进技术在石油工业中的应用,石油评价方法将日趋科学、完善。

虽然石油的组成成分十分复杂,但从化学组成和物理性质上看,不同产地生产的不同的石油,其性质和组成相似,它们的输送方式及所遇到的问题亦类同,可以预测它们有相同的加工方案和产品性质。如果对石油进行科学的分类,对同类型的石油用类似的方法处理,这对其输送、储存、加工、商品贸易都是十分必要的。石油分类通常按工业的、地质的、物理的和化学的观点来分类,现将广泛采用的工业分类法和化学分类法介绍如下。

(一)工业分类(商品)法

世界各国工业分类方法很多,有按密度、含硫、含氮、含蜡和含胶质等分类,下面介绍如下。

1.按相对密度分类

石油的相对密度与其组成和馏分轻重有关,因而按相对密度分类是一个简单实用的方法,按密度分类指标见表1-1。按照相对密度分类在一定程度上反映了石油的特性。轻质石油一般含汽、煤、柴等轻质馏分多,硫、氮、胶质含量少,青海冷湖石油就属于此类石油;中质石油,其轻组分含量虽然不高,但烷烃含量较高,则相对密度亦小。例如大庆、胜利、辽河、大港等石油属于中质石油;重质石油则含轻馏分少,含蜡少,而非烃类化合物和胶质,沥青质较多。例如孤岛石油、乌尔禾稠油属于重质石油;特重质石油,轻组分含量少,重组分和胶质、沥青质含量多,辽河油田曙光一区石油(密度为 0.997 7 g/cm³)和孤岛个别油井采出的石油属于特重质石油(密度为 1.010 g/cm³)。轻质石油大体上是地质年代古老的石油,其馏分油性质较安定,经济价值较高。而重质石油和特重质石油一般是地质年代较年轻的石油,它们的馏分油安定性较差,需要采用较复杂的加工过程。

表1-1 按密度分类指标

石油种类	相对密度 d_4^{20}
轻质石油	<0.851 0
中原石油	0.851 0~0.930 0
重质石油	0.930 0~0.996 0
特重石油	>0.996 0

2.按硫(或氮)含量分类

石油按含硫量和含氮量分类指标见表1-2和表1-3。含硫、氮量高的石油,加工得到的产品安定性差。所以硫、氮含量越少,产品质量越好。世界石油总产量中含硫石油和高硫石油约占75%。与国外石油相比,我国现有油田中以低硫和高氮石油居多,其中大庆、克拉玛依、冷湖、大港、任丘、南阳等属低硫石油;而胜利、江汉等石油属于含硫石油;孤岛石油属高硫石油;我国石油除胜利、孤岛、任丘、江汉、辽河石油属于高氮石油外,其余均属于低氮石油。

表1-2 含硫量分类指标

石油种类	硫含量(质量分数)/%
低硫石油	<0.5
含硫石油	0.5~2.0
高硫石油	>2.0

表1-3 含氮量分类指标

石油种类	氮含量(质量分数)/%
低氮石油	≤0.25
高氮石油	>0.25

3.按含蜡量分类

含蜡量分类指标见表1-4。我国石油一般凝固点较高,以高蜡石油居多。例如我国克拉玛依低凝石油(蜡含量为2.04%),属于低蜡石油;孤岛石油(蜡含量为7.0%)属于含蜡石油;其他石油如大庆、胜利、任丘、中原、南阳、大港、辽河等均属于高蜡石油。

表1-4 含蜡量分类指标

石油种类	蜡含量(质量分数)/%
低蜡石油	<2.5
含蜡石油	2.5~10
高蜡石油	>10

4.按胶质含量分类

分类标准见表1-5。我国以高胶质石油居多,青海冷湖石油(胶质含量1.9%)就属于低胶石油;大庆、中原、大港、辽河、克拉玛依低凝石油等石油属于含胶石油;胜利、乌尔禾稠油、辽曙一区超稠油、孤岛、任丘属于多胶石油。

表1-5 胶质含量分类指标

石油种类	硅胶胶质含量(质量分数)/%
低胶石油	<5
含胶石油	5~15
多胶石油	>15

(二)化学分类法

石油的化学分类法以其化学组成为基础,但由于测定组成比较复杂,通常采用与石油组成、性质有直接关系的一个或几个理化性质作为分类基础的分类方法,称为化学分类法。

1.特性因数分类法

石油的组成主要是复杂的烃类混合物,人们在研究各族烃类的性质时发现:将各族烃类的沸点($°R$)的立方根对相对密度作图,都近似直线,但其斜率不同,因此将此斜率命名为特性因数 K:

$$K = \frac{\sqrt[3]{T(°R)}}{d_{15.6}^{15.6}} = 1.216 \frac{\sqrt[3]{T(K)}}{d_{15.6}^{15.6}} \qquad (1-1)$$

式中,$T°$为烃类的中平均沸点,$°R(°R=1.8K)$;$d_{15.6}^{15.6}$为烃类相对密度;K为定义为特性因数。

表 1-6 列出几种纯烃的特性因数,由表中数据可以看出,烷烃的 K 值最大,芳烃的 K 值最小,而环烷烃的 K 值介于两者之间。

表 1-6　各类烃的特性因数

名称	沸点/℃	相对密度 d_4^{40}	K
正庚烷	98.4	0.6840	12.77
2-甲基己烷	90.05	0.6786	12.71
甲基环己烷	100.9	0.7690	11.35
苯	80.1	0.8790	9.7
甲苯	110.6	0.8670	10.1
邻-二甲苯	144.4	0.8802	10.2

通常,富含烷烃的石油馏分 K 值为 12.5~13.0,富含芳香烃的石油馏分 K 值为 10.0~11.0。这说明特性因数 K 也可以用来大致表征石油及其馏分的化学组成的特性。因此可用特性因数对石油进行分类,其分类标准见表 1-7。

石蜡基石油的特点是:含蜡量高,密度小,凝点高,黏度小,含硫、胶质、沥青质低,汽油辛烷值低,柴油十六烷值高,如大庆石油是典型的石蜡基石油。

表 1-7　特性因数分类标准

K 值	石油基属
>12.1	石蜡基
11.5~12.1	中间基
<11.5	环烷基(沥青基)

环烷基石油的特点:含蜡量高,密度较大,凝点低,黏度大,含硫、胶质、沥青质高,汽油辛烷值相对高,柴油十六烷值相对低,可产优质沥青。孤岛石油属于环烷基石油。

中间基石油特点介于二者之间,如胜利石油属于中间基石油。

由特性因数分类法可知,它能反映出石油烃类组成特性,但这种分类方法也存在下列缺点。

①它不能分别表明石油低、高馏分中烃类分布的规律；

②因石油 K 值不能直接按 K 值定义式计算得到，因为石油的沸点须用中平均沸点，而对石油来说中平均沸点是测不准的，通常石油 K 值是根据 API° 查有关图表得到。但由于石油组成复杂，黏度测定结果不够准确，再加上查表本身存在误差，所以用 K 分类，往往有时不能完全符合石油烃类组成的实际情况，所以美国矿务局于 1935 年提出了"关键馏分特性分类法"，现我国已推广使用。

2.关键馏分特性分类法

该方法采用汉柏蒸馏装置蒸馏石油，在常压下切取 250～275 ℃ 的馏分作为第一关键馏分，再改用不带填料的蒸馏柱，在 5.33 kPa 的残压下蒸馏，切取 275～300 ℃ 馏分（相当于常压下的 395～425℃）作为第二关键馏分，然后分别测定上述两个关键馏分的相对密度（或 API°、K 值），并对照表 1-8 中的相对密度分类标准，确定两个关键馏分的属性，然后再按照表 1-9 确定被测石油为所列七种类型中的哪一类。关键馏分也可以采用简易蒸馏装置或实沸点蒸馏装置蒸馏石油取得。

表 1-8　关键馏分的分类标准

关键馏分	石蜡基	中间基	环烷基
第一关键馏分	$d_4^{20}<0.8210$ API°>40 （K^*>11.9）	$d_4^{20}=\%.8210～0.8562$ API°>33～40 （K^*=11.5～11.9）	$d_4^{20}>0.8562$ API°<33 （K^*<11.5）
第二关键馏分	$d_4^{20}<0.8723$ API°>30 （K^*>12.2）	$d_4^{20}=0.8723～0.9305$ API°>20～30 （K^*=11.5～12.2）	$d_4^{20}>0.9305$ API°<20 （K①<11.5）

表 1-9　关键馏分特性分类

序号	第一关键馏分	第二关键馏分	石油基属
1	石蜡	石蜡	石蜡
2	石蜡	中间	石蜡-中间
3	中间	石蜡	中间-石蜡
4	中间	中间	中间
5	中间	环烷	中间-环烷
6	环烷	中间	环烷-中间
7	环烷	环烷	环烷

由于关键馏分特性分类的分类界限分别按照低沸点馏分和高沸馏分作为分

① K 值是根据关键馏分的中平均沸点和比重指数查图求定的，它不作为分类标准，仅作为参考数据。

类标准对石油进行分类,这样比较符合石油烃类组成的实际情况,所以它比特性因数分类法更为合理。

石油化工科学研究院推荐采用关键馏分特性分类和含硫量相结合的分类方法对我国石油进行分类,现已在全国推广使用。表1-10中是用特性因数分类法和关键馏分特性——硫含量分类法作为我国石油的分类结果。由该表可见,后者分类较为合理。例如,当用特性因数对石油进行分类时,克拉玛依石油属于石蜡基石油,而用关键馏分特性分类则属中间基石油,与实际相符合。

表1-10 我国部分石油的分类

石油名称	大庆混合石油	玉门混合石油	克拉玛依石油	胜利混合石油	大港混合石油	孤岛石油
硫含量 (质量分数)/%	0.11	0.18	0.04	0.83	0.14	2.03
相对密度	0.861 5	0.852 0	0.868 9	0.914 4	0.889 6	0.957 4
特性因数 K	12.5	12.3	12.2~12.3	11.8	11.8	11.6
特性因数分类	石蜡基	石蜡基	中间-石蜡基	中间基	中间基	中间基
第一关键馏分 d_4^{20}	0.814 (K=12.0)	0.818 (K=12.0)	0.828 (K=11.9)	0.832 (K=11.8)	0.860 (K=11.4)	0.891 (K=10.7)
第二关键馏分 d_4^{20}	0.850 (K=12.5)	0.870 (K=12.3)	0.895 (K=11.5)	0.881 (K=12.0)	0.887 (K=12.0)	0.936 (K=11.4)
关键馏分特性分类	石蜡基	石蜡基	中间基	中间基	环烷-中间基	环烷基
建议石油基属	低硫石蜡基	低硫石蜡基	低硫中间基	含硫中间基	低硫环烷-中间基	高硫环烷基

3.相关指数(BMCI)分类法

相关指数分类法是美国矿务局在石油评价中应用的分类方法。我国在石油评价时通常将相关指数用于各窄馏分的性质评定。相关指数也称关联指数,相关指数分类方法的原理是:根据各烃类化合物的相对密度与其平均沸点的倒数呈直线关系(不同烃类相关指数不同的原则),其数学表达式为

$$\text{BMCI} = 473.7d_{15.6}^{15.6} - 456.8 + 48640/T_K \quad (1-2)$$

式中,T_K 为中平均沸点,K 可以用窄馏分平均沸点(K)代替;$d_{15.6}^{15.6}$ 为相对密度。

一些烃类的相关指数列于表1-11中。由表1-11可知:烷烃的相关指数通常在0~12之间,烯烃通常在4~35之间,环烷烃通常在24~52之间,单环芳烃通常在55~100之间,双环芳烃通常大于100。显然,不同烃类的相关指数不同,所以可用相关指数对石油进行分类。相关指数的分类方法是:用汉柏蒸馏装置或

— 8 —

其他蒸馏装置蒸馏石油,切割出两个关键馏分,然后测定这两个关键馏分的相对密度。根据各关键馏分的密度($d_{15.6}^{15.6}$)和平均沸点(K),分别计算两个关键馏分的相关指数,按表1-11的分类标准来确定两个关键馏分的基本属性,然后再按照表1-12确定石油的基属。

表1-11　一些烃类的相关指数

化合物	BMCI	化合物	BMCI
正己烷	0	苯	100
正辛烷	0	甲苯	83
2-甲基庚烷	1	乙苯	75
2,2,4-三甲戊烷	6	对二甲苯	71
环戊烷	49	正丁基苯	59
环己烷	52	四氢萘	106
甲基环己烷	40	萘	131
十氢萘	72	1-甲基萘	122
1-己烯	9	茚	123
1-辛烯	8	正十二烷基苯	31
异戊二烯	27	1-正辛基萘	69

表1-12　石油的相关指数分类标准

石油	第一关键馏分			第二关键馏分		
	API°	K	CI	API°	K	CI
石蜡基	>40	>11.9	<15	>30	>12.2	<20
中间基	33~40	11.5~11.9	15~42	20~30	11.5~12.2	20~58
环烷基	<33	<11.5	>42	<20	<11.5	>58

注:表中API°和K值作为参考。

三、石油评价的内容

石油评价内容按其目的不同分下列四种类型。

(一)石油性质分析

1.目的

在油田勘探开发过程中,及时了解单井、集油站及油库的石油一般性质,并掌握石油性质变化的规律和动态。

2.内容

对未经实验室脱水的石油分析水分、含盐量和机械杂质,并根据石油集输等设计要求,分析比重、黏度和凝点。对水分小于 0.5% 的石油或经脱水后水分小于 0.5% 的石油分析密度、黏度、凝点、残炭、硫含量和馏程,并根据需要,分析含蜡量、沥青质、胶质含量及油田认为必须分析的其他项目。需要油样 2 L。

(二) 简单评价

1. 目的

初步确定石油的类别及特点,适用于石油性质的普查,尤其对地质构造复杂、石油性质变化较大的产油区可用此法做石油的简单评价。

2. 内容

①石油性质分析。

②石油简易蒸馏,以 300 mL 油样进行常减压蒸馏,一般切取每 25 ℃ 的窄馏分,计算其收率,并测定密度、黏度、凝点、苯胺点、柴油指数、黏重常数及特性因数。用 250~275 ℃ 和 395~425 ℃ 两个馏分的相对密度来确定石油的基属。需要油样 5L。

(三) 常规评价

1. 目的

其目的为一般炼厂的设计提供数据。

2. 内容

①石油的一般性质分析,包括密度、黏度、凝点、含蜡量、沥青质、胶质、残炭、水分、含盐量、灰分、机械杂质、常量元素(碳、氢、硫、氮、氧)、微量金属(钒、镍、铁、铜、铅、钙、钛、镁、钠、钴、锌)、微量非金属(氯、硅、磷、砷)分析及馏程的测定。根据需要和条件,测定闪点(开口、闭口)及平均分子量等。

②石油的实沸点蒸馏。石油按每 3% 切割为一个馏分,然后分别测定各馏分和渣油的性质,所得窄馏分性质以曲线及表格的方式表示。3% 窄馏分的分析项目包括相对密度、黏度、凝点、苯胺点、酸度(酸值)、硫含量及折射率等,并计算特性因数、黏重常数及结构族组成。不同深度的重油、渣油分析比重、黏度、残炭、凝点、闪点(开口)、碳氢含量、硫含量、灰分、发热量及微量金属及非金属,并对减压渣油测定针入度、延度及软化点。

③直馏产品的性质测定包括:汽油、喷气燃料、灯油及柴油、催化裂化原料、重整原料油、润滑油馏分一般理化性质、微量金属及组成的测定。需要油样 100 L。

(四)综合评价

1.目的

其目的为综合性炼厂设计提供数据。

2.内容

除常规评价的内容外,还包括下列内容。

①重整和裂解原料油的性质及组成分析;

②润滑油、石蜡和地蜡潜含量测定及性质分析;

③平衡蒸发数据;

④馏分油的单体正构烷烃含量的测定;

⑤渣油(沥青)性质及组成的测定。

四、石油一般性质的测定

(一)石油的取样与脱水

石油的取样按照石油和液体石油产品取样法[GB/T 4756—84(91)]和石油液体手工取样法(GB/T 4756—2015)的规定进行。在油田取样时应与有关的地质人员联系,以保证所取的油样具有代表性。根据具体要求,可以从油井的出口处取得单井的样品或从集油站取得混合油样;或将各单井的样品按日产量混对,得到各油井的混合油样。取样时要详细记载地质及采样情况,包括油井名称层位、油层深度、采油方式、平均日产量及日期、取样负责人等。油桶要保证清洁、坚固和良好的封闭性。油桶上要有明显的标记。

石油一般都含有水分,石油含水对石油的性质分析结果影响很大。因此,除按要求测定含水石油的各项分析项目外,一般都要求石油经实验室脱水,使水含量小于0.5%后,方可作其他项目的分析。

石油脱水可按GB 2538—88石油实验法中的石油蒸馏脱水法进行。该方法是将含水石油加入蒸馏瓶内,装上冷凝器,缓慢加热蒸馏,使轻馏分与水一起被蒸出。为使冷凝在蒸馏烧瓶颈上的水珠迅速蒸发,馏出部位要有适当保温措施。蒸馏气相温度达到200℃时,脱水完毕。馏出物注入分液漏斗中分去水分,所得的轻馏分与蒸馏瓶内未蒸出的油混合,即为脱水石油。其他的脱水的方法如下所述。

(1)高压釜脱水法。石油装入高压釜内(同时加入0.5%的破乳剂),在150℃的温度和1.5 MPa的压力下保持4~5 h,可以使石油脱水后水含量在0.5%以下。

— 11 —

（2）静置脱水法。对含水量高而其密度较小的石油,在高于凝点温度 10～20 ℃下静置,待水分沉降后即可分去水分。为避免轻馏分损失,静置时要装上回流冷凝器。

（3）热化学脱水法。在分液漏斗中,每加 100 g 石油加 0.5%破乳剂溶液 4 mL,激烈摇动 5 min 后,将其放在 70℃水浴中加热沉降 4 h,然后分出沉降于分液漏斗底部的水分,即得脱水石油。本方法的缺点是轻馏分易损失。

实际工作中可按待分析石油的含水量、密度和实验条件,选择不同的脱水方法,关键是在脱水过程中要尽量避免轻馏分的损失。

（二）测定石油一般性质的方法

石油取样后,首先测定其含水量、含盐量及机械杂质含量。对于水含量大于 0.5%的石油,则需将石油脱水后,再进行其他项目的测定。

评定石油一般性质的实验方法见表 1-13,其中所列分析方法大部分已讨论过了,这里只对尚未提及的含蜡量、沥青质、胶质、盐含量等测定法分述于后。

表 1-13　评定石油一般性质的实验方法

序号	分析项目	试验方法
1	密度(20℃)/(g·cm^{-3}) 密度(70℃)/(g·cm^{-3})	GB 1884—92 GB 1884—92 GB 265—88
2	运动黏度(50℃)/(mm^2·s^{-1}) 运动黏度(70℃)/(mm^2·s^{-1})	GB 265—88 CB 510—83(91)
3	凝点/℃	GB 267—88
4	闪点/℃(开口),℃(闭口)	GB 261—83(91)
5	残炭(质量分数)/%	GB 268—87
6	灰分(质量分数)/%	GB 508—85(91)
7	机械杂质(质量分数)/%	GB 511—88
8	水分(质量分数)/%	GB 260—77(88)
9	含蜡量(质量分数)/%	蒸馏法、吸附法
10	沥青质(质量分数)/%	正庚烷法
11	胶质(质量分数)/%	氧化铝法
12	盐含量(NaOH)/(mg·mL^{-1})	GB/T 6532—2012
13	元素分析/%C H N S	元素定量分析 ZBE 30012—88 GB 387—90、GB 388—64(90)、微库仑法

序号	分析项目	试验方法
14	微量金属含量/(ng·μL^{-1}) V Ni Fe Cu 等	原子吸收、等离子发射光谱
15	平均分子质量	ZBE 30010—88(VPO 法)
16	馏程	GB 2538—88

(三)石油盐含量的测定

石油中含有少量结晶盐,通常其成分以氯化钠最多,约占 75%;其次是氯化钙(约占 10%)和氯化镁(约占 15%)。石油中盐类的存在会使输油和加工设备腐蚀,渣油质量降低,石油焦灰分增加,沥青延度降低,因此,进入炼油生产装置的石油要求含盐量(NaCl)不大于 10~50 mg/L。可见石油的盐含量是一个重要的质量指标。石油盐含量测定方法有滴定法和电量法(微库仑法)两种。

1.容量法

按照标准 GB/T 6532—2012 标准方法进行测定。

(1)试样处理。试样在溶剂和破乳剂存在的情况下,在规定的抽提器中,用水抽提,抽提液经脱除硫化物后,用滴定法测定其卤化物。实验结果以氯化钠的质量百分数表示。

(2)实验步骤。

在 250 mL 烧杯中,称入(80±0.5)g 试样,加热到(60±5)℃。将加热至同样温度的 40 mL 甲苯缓慢地加到试样中,并不断搅拌至完全溶解。将此溶液经加料漏斗定量转移至抽提器烧瓶中,并用两份 15 mL、60℃左右的热甲苯分两次洗涤烧杯和漏斗(注意:蒸汽有毒,实验应在通风柜中进行);趁热再加入 25 mL 热的无水乙醇和 15 mL 稍热的丙酮。

剧烈地煮沸混合物 2 min,停止加热,待沸腾刚停止,立即加入 125 mL 蒸馏水。再煮沸混合物 15 min;让混合物冷却并分层。放出下层溶液(由于部分无水乙醇和丙酮溶解在甲苯和试样的混合相中。因此,能抽出的抽出液体积为 160 mL)必要时经定性滤纸进行过滤;向烧杯中加入 100 mL 抽出液和 5 mL 5 mol/L硝酸溶液。用表面皿盖住烧杯,加热使溶液沸腾,用乙酸铅试纸检验蒸气中的硫化氢。待硫化氢脱除后(试纸不变色)再继续煮沸 5 min。冷却后用蒸馏水将烧杯内溶液洗入磨口三角瓶中。加入 10 mL 异戊醇和 3 mL 铁铵矾指示剂;

由滴定管加入 0.5 mL 硫氰酸钾标准溶液。混合液在不断地摇动下,用硝酸银标准溶液滴定至无色,再加入 5 mL 硝酸银标准溶液。用塞子盖紧磨口三角瓶,并剧烈地摇动 15 s,使沉淀物凝聚(注:打开瓶塞时必须小心。避免在摇动过程中可能产生的压力使少量酸液从磨口三角瓶口喷出);用硫氰酸钾标准溶液缓慢地滴定,直至红色褪色变化缓慢显示已接近终点时,再摇动磨口三角瓶并继续一滴一滴地滴定,直至剧烈地摇动后微红色持久不褪为止;用 95 mL 甲苯代替 80 g 试样,重复上述步骤做一空白滴定。

2. 电量法(微库仑法)

按 ZBE 21001—87 标准方法进行。测定时将石油溶于极性溶剂二甲苯中,加热至 70℃,然后用乙醇—水混合液抽提出其中的盐类,经离心分离后用注射器抽取适量抽提液注入微库仑滴定池中。滴定池内装有一定量银离子的乙酸电解液,试样中的氯离子与银离子发生以下反应:

$$Ag^+ + Cl^- \rightarrow AgCl \downarrow$$

反应消耗的银离子由发生电极电生补充。测量电生银离子消耗的电量,按法拉第电解定律求得石油盐含量。本方法适用于测定盐(NaCl)含量为 0.2 ~ 10 000 mg/L 的石油,计算公式如下:

$$x = \frac{100A \times V_2 \times \rho}{R \times V_1 \times W \times 2.722 \times 0.606} \qquad (1-3)$$

式中,x 为试样盐含量,mg/L;A 为积分器显示数字,每个数字相当于 100 μV·s;V_2 为抽提盐所用的抽提液总量,mL;ρ 为石油 20℃时的密度,g/cm³;R 为积分电阻,Ω;V_1 为注入库仑池的抽提液体积,mL;W 为石油取样量,g;2.722 为相当于 1 μg 氯消耗的质量,ng/μg;0.606 为换算系数。

(四)石油含蜡量、胶质、沥青质的测定

石油的含蜡量决定其加工后石蜡的产量,而胶质和沥青质的含量与加工后石油沥青的质量和产量有关。因此,含蜡量、胶质、沥青质的测定是石油评价必不可少的指标。

蜡常以溶解状态存在于石油中,它们是混合物,其熔点随着分子质量增加可以从室温到 80℃以上。所以即使对同一石油,如果测定方法不同,其结果差别也很大。只有在规定的操作条件下对不同石油的含蜡量进行比较才有意义。石油中含有一定量的胶质,它们有抗凝作用,影响蜡的结晶析出,并且会吸附在蜡的结晶表面而与蜡一起沉淀,使含蜡量的测定不易进行。所以通常把沥青质、胶质、蜡含量的测定联合进行,首先使沥青质和胶质分离出来,再测定蜡含量。石油的含蜡量、沥青质、胶质的测定方法有硅胶法和氧化铝法。

1. 硅胶法

方法是往试油中加入石油醚,沉淀沥青质(石油醚不溶物),然后用硅胶吸附分离胶质(称作硅胶胶质),再用低温溶剂脱蜡的方法测得蜡含量,具体步骤如下所示。

(1)以30~60℃石油醚稀释石油油样(W),沉淀沥青质,静置24 h后,过滤,滤出沉淀物,用热苯溶解,转移到恒重的三角瓶中,蒸去苯,干燥,恒重,则为沥青质(G_1),按式(1-4)计算沥青质的含量。

$$m_1(沥青含量) = \frac{G_1}{W} \times 100\% \qquad (1-4)$$

(2)从上述滤液中蒸去30~60℃石油醚,再用60~90℃脱芳烃石油醚溶解。然后用粗孔硅胶(100目)吸附,以60~90℃脱芳烃的石油醚作为抽提溶剂,在脂肪抽提器内进行抽提(12 h),使油分与胶质得以分离。

(3)油分与胶质分离后,移去石油醚抽出液,再以苯-乙醇溶液抽提出被硅胶吸附的胶质,蒸去溶剂,干燥,恒重,测得胶质(G_2),按式(1-5)计算胶质的含量。

$$m_2(硅胶胶质含量) = \frac{G_2}{W} \times 100\% \qquad (1-5)$$

(4)从石油醚抽出的油分中,蒸去溶剂,再以苯-丙酮作为脱蜡溶剂,在-20℃下脱蜡,测出蜡量(G_3),由式(1-6)计算蜡的含量。

$$m_3(蜡含量) = \frac{G_3}{W} \times 100\% \qquad (1-6)$$

式中,G_1为沥青质质量,g;G_2为硅胶胶质质量,G_3为蜡质量,g;W为石油油样质量,g。

2. 氧化铝法

由于硅胶法测定时间过长(3~4 d),目前已逐渐为氧化铝法所代替。按照国际标准化组织(ISO)和十三届世界石油大会有关石油术语的定义,沥青质定义为不溶于正庚烷而溶于苯的不含蜡的组分含量。本方法选用正庚烷作为溶剂,使沥青质沉淀析出。再用氧化铝吸附色谱柱使油分与胶质(及沥青质)分离。得到的油分进行溶剂脱蜡,从而测得蜡含量。本方法测定一个试样需8~12 h,具体步骤如下所示。

(1)测定沥青质含量。取W_1克试样,以正庚烷为溶剂,加热回流30 min,使其充分溶解,静置沉淀1 h。过滤,将沉淀物移入抽提器内,用上述正庚烷滤液抽提1 h(图1-3)。待残存沥青质中的油分被抽提后,弃去正庚烷抽提液,换用苯抽提沥青质。抽提完毕,蒸去溶剂,干燥,恒重,得到沥青质G_1。按式(1-7)计算沥青质含量。图1-4为氧化铝法测定沥青质流程图。

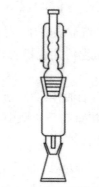

图 1-3　沥青质抽提器

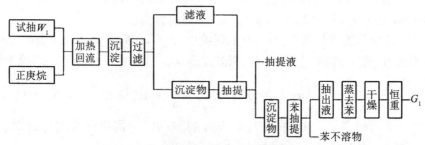

图 1-4　氧化铝法测定沥青质流程图

（2）测定沥青质加胶质及蜡含量。流程图如图 1-5 所示。取 W_2 试样溶于石油醚中，用氧化铝（中性 $\gamma\text{-}Al_2O_3$，100 ~ 200 目，活化条件为 500℃，6 h，在干燥器中冷却到室温，加入的水放置 24h 后使用）吸附色谱柱进行色谱分离（图 1-6），吸附柱用 40~50℃循环热水保温，依次用石油醚（10 mL）、苯（60 mL）、苯+乙醇（30 mL，体积比为 1∶1）、乙醇（30 mL）作洗脱剂，进行分离，控制洗脱剂流出速度为 2~3 mL/min。苯和石油醚流出液为油分，苯+乙醇洗出液为沥青质+胶质，蒸去溶剂后，干燥，恒重，可得 G_2，由式（1-9）计算胶质百分含量。油分蒸去溶剂，再用溶剂脱蜡的方法，即以苯-丙酮为溶剂，在-20℃下冷却过滤，测得蜡量 G_3，由式（1-8）计算蜡的含量。

$$m_1(沥青质含量)\% = \frac{G_1}{W_1} \times 100\% \qquad (1-7)$$

$$m_2(胶质含量)\% = \left(\frac{G_2}{W_2} - \frac{G_1}{W_1}\right) \times 100\% \qquad (1-8)$$

$$m_3(蜡含量)\% = \frac{G_3}{W_2} \times 100\% \qquad (1-9)$$

式中,G_1为沥青质的质量,g;G_2为胶质的质量,g;G_3为蜡质量,g;W_1、W_2为试样的质量,g。

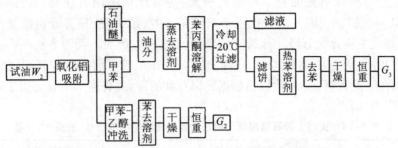

图1-5　氧化铝测定沥青质加胶质总量及蜡含量流程图

(五)蒸馏法测定含蜡量

用快速蒸馏的方法使含蜡馏分与胶质、沥青质分离。然后称取部分300℃以后的蒸出油进行溶剂脱蜡(图1-6)。由式(1-10)计算蜡含量为

$$m\% = \frac{a \cdot b}{A \cdot B} \times 100\% \tag{1-10}$$

式中,A为部分蒸出油质量,g;B为试油质量,g;a为蜡质量,g;b为蒸出油质量,g。

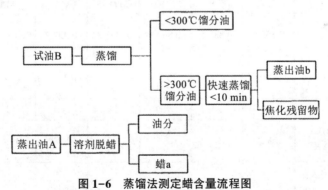

图1-6　蒸馏法测定蜡含量流程图

我国主要石油中胶质、沥青质、蜡含量测定结果见表1-14。由表1-14可知,两种方法测得的沥青质含量误差较大,硅胶法普遍偏高,其原因是硅胶法用30~60℃的石油醚沉降沥青质(即不溶于石油醚的物质为沥青质),而石油醚含碳数为4~5个碳,溶解能力小,一部分胶质(大分子胶质)也沉降下来被当作沥青质所致;而氧化铝法使用正庚烷沉降沥青质。其溶解能力较强,沉降时只有沥青质沉降下来,所以目前我国推荐用氧化铝法测定沥青质的含量。由表1-14也

可以看出硅胶法测得的胶质含量普遍比氧化铝法测得的胶质含量偏高。其原因是:硅胶法用 60~90℃ 的石油醚抽提油蜡,而石油醚极性较小,一部分重芳烃不易从硅胶上脱附下来而被当作胶质所致;而氧化铝法用石油醚(10 mL)和苯(60 mL)冲洗油蜡,而苯的极性强于石油醚,冲洗能力强,重芳烃也能被冲洗下来,即胶质中不含重芳烃,所以氧化铝胶质小于硅胶胶质。两种方法测得的蜡含量基本相同(因方法也相同)。我国 20 世纪 80 年代以前用硅胶吸附法测定胶质、沥青质、蜡含量;80 年代以后根据我国石油的特点,普遍采用氧化铝法测定胶质、沥青质、蜡含量。

表 1-14　我国主要石油用氧化铝法和硅胶法测得的沥青质、胶质、蜡含量

石油	氧化铝吸附法			硅胶吸附法		
	沥青质/%	胶质/%	蜡/%	沥青质/%	胶质/%	蜡/%
大庆	0.1	11.2	25.8	0.4	13.3	25.5
任丘	<0.1	22.2	21.6	2.5	23.2	22.8
胜利	<1.0	19.0	14.0	5.1	23.2	14.6
孤岛	4.7	20.5	7.1	8.1	28.4	6.6
大港	0	22.2	5.6	0.41	21.8	5.1

表 1-15　主要国产石油的一般性质

项目	石油产地						
	大庆	胜利	大港	克拉玛依	辽曙一区	辽河	孤岛
密度(20℃)/ (g·cm^{-3})	0.855 4	0.885 5	0.869 7	0.853 8	0.997 7	0.879 3	0.949 5
运动黏度 (50℃)/(mm^2·s^{-1})	20.19	57.9	10.83	18.80	116160.00	17.44	333.7
凝点/℃	30	29	23	12	48	21	2
含蜡量(吸附法) (质量分数)/%	26.2	16.7	11.6	7.2	4.31	16.8	4.9
沥青质(正庚烷法) (质量分数)/%	0	0.1	0		2.58	0	2.9
胶质(氧化铝法) (质量分数)/%	8.9	17.7	9.7	—	40.09	11.9	24.8
酸值(KOH)/ (mg·g^{-1})	—	—	—	0.17	5.57		
残炭(质量分数)/%	2.9	5.9	2.9	2.6	20.6	3.9	7.4

项目	石油产地						
	大庆	胜利	大港	克拉玛依	辽曙一区	辽河	孤岛
水分(质量分数)/%	痕迹	0.05	0.35	1.2	2.58	1.2	0.78
盐(NaCl)含量 /(mg·L^{-1})	—	22	9.3	53.7	4.90	—	26
闪点(开口)/℃	—	—	—	−10	—	—	—
灰分(质量分数)/%	—	0.017	—	0.014	0.125	0.02	
硫含量(质量分数) /%	0.10	0.79	0.13	0.05	0.42	0.18	2.09
氮含量(质量分数) /%	0.16	0.34	0.24	0.13	0.41	0.32	0.43
微量金属 Ni /(ng·g^{-1})	3.1	15~20	7.0	5.6	276.3	29.2	21.1
微量金属 V /(ng·g^{-1})	0.04	—	0.10	0.07	1.02	0.7	2.0
微量金属 Fe /(ng·g^{-1})	0.7	3.5	15.1	—	78.7	−9.3	12.0
微量金属 Cu /(ng·g^{-1})	<0.2	0	0.07	—	1.3	—	<0.2
馏程初馏点/℃	85	102	65	70	212	91	—
馏出量(100℃)/%	2.0	—	3	2.5	0	—	—
馏出量(200℃)/%	12.5	7.0	10.0	16.0	0	13.0	—
馏出量(300℃)/%	24.0	21.2	26.0	34.5	3.0	26.5	—
石油分类	低硫石蜡基	含硫中间基	低硫中间基	低硫石蜡–中间基	低硫环烷基	低硫中间–石蜡基	含硫环烷–中间基

五、石油的汉柏蒸馏及简易蒸馏

(一)汉柏蒸馏

这是美国矿务局采用的一种半精馏装置,由于这种方法设备简单,易于操作,蒸馏速度快,用油量少,所以广泛应用于对石油作简易评价,由汉柏蒸馏可推算汽油、煤油、柴油、润滑油的近似收率,并可确定石油的基属。

汉柏蒸馏分以下两段进行。

第一段为常压蒸馏。把初馏点~275℃的馏分切割成十个馏分。初馏点~50℃为第一个馏分,以后每25℃切取一个馏分,蒸馏至气相温度达到275℃为止。计算各馏分收率,测定各馏分性质。

第二段为减压蒸馏。在5.33 kPa压力下蒸馏,将常压下275~425℃馏分切割成五个馏分,每25℃切取一个馏分,蒸馏至气相温度为300℃时停止。蒸馏结束可取常压250~275℃和5.33 kPa减压下275~300℃馏分油(相当于常压395~425℃馏分)作为石油分类的两个关键馏分,确定石油的基属。

(二)简易蒸馏

简易蒸馏是由汉柏蒸馏改进而成,见图1-7。简易蒸馏装置使用的填料是由镍铬丝制成的环状链条填料见图1-8,在第三段减压(<0.267 kPa)蒸馏时,改用镍铬丝制成的两个锥形体作为填料,见图1-9。

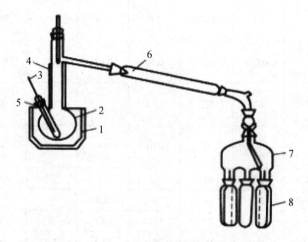

图1-7　简易蒸馏装置示意图

1-加热电炉;2-蒸馏瓶;3-温度计;4-保温套;5-测温玻璃套管;
6-空气冷凝管;7-真空接收器;8-接收管

简易蒸馏共分为以下三段进行。

第一段为常压蒸馏。将初馏点~200℃的馏分,切割为若干个窄馏分,馏出速度控制在1~2 mL/min。馏分切割如下:初馏点~100℃、100~125℃、125~150℃、150~175℃、175~200℃(或初馏点~100℃、100~150℃、150~200℃)的馏分,记录各馏分的馏出体积并称重,测定各馏分的性质。

第二段为在1.33 kPa下减压蒸馏。将常压为200~450℃的馏分切割为若干窄馏分,馏分切割方法如下。

减压(1.33 kPa)下切割温度分别为 78～117℃、117～138℃、138～158℃、158～200℃、200～240℃、240～265℃、265～285℃。常压下切割温度分别为 200～250℃、250～275℃、275～300℃、300～350℃、350～395℃、395～425℃ 和 425～450℃。

在制定减压蒸馏方案时,先制定出常压切割方案,然后由压力换算图(图1-10 和图1-11)查出减压下对应的切割温度,实验室控制各馏分高温温度切割馏分。并且设计切割方案时,要考虑两个关键馏分的切割。记录馏出体积并称重,计算各馏分收率。

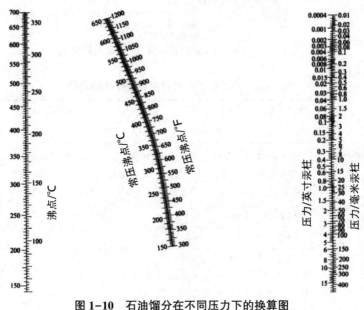

图1-10　石油馏分在不同压力下的换算图

1 英寸≈3.3864 kPa

第三段为小于 0.267 kPa 压力下减压的蒸馏。蒸至气相温度达 500℃(常压下),或 294℃(0.267 kPa 下)。待第二段蒸馏结束,冷却蒸馏瓶至 150℃,放空后停泵,否则会发生危险。取出链条填料,按图1-8位置换上锥形填料(镍铬丝网),此段蒸馏速度为 2～3 mL/min。记录馏出体积,称重,并测定各窄馏分的性质。然后以馏出温度为纵坐标、质量百分收率为横坐标作图可得简易蒸馏曲线。由简易蒸馏曲线可推算出汽油、煤油、柴油的近似收率;由两个关键馏分的密度,可以初步确定石油的基属。简易蒸馏的收率与实沸点蒸馏很接近。

简易蒸馏具有一定的分离精度,链条填料相当于几块塔板,但与实沸点蒸馏数据比较有一定的夹带现象,所以馏分收率偏高(表1-16)。

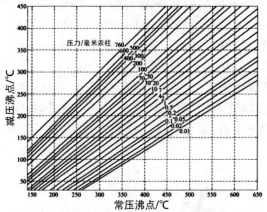

图 1-11　纯烃和石油窄馏分常、减压沸点换算图

表 1-16　简易蒸馏与实沸点蒸馏收率的比较

沸点范围 /℃	大庆石油				孤岛石油			
	简易		实沸点		简易		实沸点	
	每馏分收率(质量分数)/%	总收率(质量分数)/%	每馏分收率(质量分数)/%	总收率(质量分数)/%	每馏分收率(质量分数)/%	总收率(质量分数)/%	每馏分收率(质量分数)/%	总收率(质量分数)/%
初馏~100	1.6	1.6	1.6	1.6	2.1	2.1	1.5	1.5
100~150	4.3	5.9	4.7	6.3				
150~200	4.3	10.2	3.8	10.1	2.8	4.9	3.8	4.8
200~250	4.2	14.4	5.4	15.5	3.2	8.1	3.8	8.6
250~275	8.5	17.9	2.7	18.2	2.4	10.5	2.4	11.0
275~300	8.9	21.8	3.9	21.5	2.9	13.4	3.0	14.0
300~350	8.0	29.8	7.3	28.8	7.2	20.6	6.7	20.7
350~395	8.6	38.4	7.8	36.6	6.2	26.8	6.0	26.7
395~425	5.4	43.8	5.6	42.2	5.5	32.3	5.4	32.1
425~450	4.7	48.5	3.3	45.5	6.2	38.5	5.7	37.8
450~500	9.0	51.5	—	—	—	—	—	—

　　简易蒸馏也具有设备简单、用油量少、操作容易、分析时间短的特点,适用于对石油进行简单评价。

六、石油的实沸点蒸馏

　　实沸点蒸馏是石油评价中的重要一环,也是石油评价的核心。

(一)实沸点蒸馏的方法原理

实沸点蒸馏是在实验室用一套分离精度较高的间歇式常压、减压蒸馏装置,把石油按照沸点由低到高的顺序切割成许多窄馏分,并做各窄馏分的性质分析。由于分馏精确度较高,其馏出温度和馏出物的实际沸点相近,可以近似反映出石油中各组分沸点的真实情况,故称为实沸点(真沸点)蒸馏。

实沸点蒸馏是按每馏出3%(质量分数)或每隔10℃切取一个窄馏分,计算每馏分的收率及总收率,用所得数据绘制石油的实沸点蒸馏曲线,同时要分别测定各窄馏分的理化性质,包括密度、黏度、闪点、凝点、酸度、含硫量、折射率、分子质量等,用所得数据绘制性质曲线,然后把各窄馏分调配成要求的直馏产品,再分别测定各种直馏产品的性质和产率,所得数据可绘制出汽油、煤油、柴油和润滑油及重油的产率曲线。由上述数据和曲线,可为炼厂制定加工方案、设计炼油装置提供依据。这是石油评价的目的。

(二)实沸点蒸馏装置

目前,国内大部分炼厂和油田主要采用由抚顺石油化工研究院生产的FY-Ⅲ型微机控制石油实沸点蒸馏仪,该装置主要由塔Ⅰ和塔Ⅱ两部分组成。塔Ⅰ是用来对石油从初馏到425℃的馏分进行常减压蒸馏。塔Ⅱ是用来对塔Ⅰ蒸馏结束后釜内残油进行深切割的,其最终切割温度可达530~550℃。

(三)实沸点蒸馏步骤

1.蒸馏前的准备工作

蒸馏实验是在仪器完好的情况下进行的,所以在做实验前必须进行全面的检查,检查内容包括以下几方面。

①各连接处是否正确适当,玻璃件及密封用"O"形胶圈是否破损,如有破损请更换。

②流程图上各工位显示的参数是否正常,如有异常现象查出原因。

③在未装油样时空抽系统,如达不到规定的最低真空度(塔Ⅰ为266 Pa,塔Ⅱ为65 Pa)请查原因,否则不能进行蒸馏。

④接收管是否干净,放置是否得当,如有脏物存于管内,将影响分析数据。

在确定装置完好无损后才能向蒸馏釜内加样品,从大容积内的容器内取样时必须把大容器内的样品搅拌均匀,以确保蒸馏数据的准确性。装入油样的质量要准确称量,精确到1 g并记录下来,样品体积不超过蒸馏釜容积的2/3。

2.塔Ⅰ常压蒸馏

对石油的蒸馏是从塔Ⅰ常压蒸馏开始的。如果油样内含有丁烷等轻烃类及水,要对丁烷进行回收(如用户需要的话)及脱水蒸馏(水含量大于0.2%时)。

①将装有油样的釜连到塔Ⅰ接口上,将测压管、测温管与釜连接,将接收器用千斤顶升起。

②打开控制柜内电源开关,给装置通电,再打开计算机开关启动计算机,通电顺序不能倒置!

③打开自来水阀,给装置及低温冷槽通冷却水,再打开低温浴槽电源开关,启动制冷系统。

④点击按钮将接收管调到正确位置。

⑤使釜降温冷却水阀及塔Ⅱ冷却水阀处于关闭位置。

⑥按工艺要求或油样特点设定切割点。

⑦当低温浴槽指示温度达到-20℃以下时,连接丁烷收集器到放空口,启动冷剂泵,给主冷凝器及丁烷收集器降温,使丁烷回收器上的两个手动阀处于接通的位置。然后给蒸馏釜加热,加热强度一般在30%~60%之间,使放空阀阀二处于接通的状态(红色)。加热由釜温按钮右边的箭标来控制,其中下边数值表示加热炉通电时间比,上边的数值表示釜内的液温。启动釜搅拌器,在有油气产生时(根据塔内温度指示来判定),适量调节加热强度,以保证系统在理想的速度下运行。

⑧当有适量的液体从主冷凝器流回,塔顶气相温度 RT1 保持不变 15 min 后,使中间罐控制阀阀处于红色状态,使回流比处于 5,整个系统就自动按设定的切割温度进行常压蒸馏操作。如果被测样品内没有水分,该系统将在釜温达到350℃或操作人员干预下停止蒸馏。如果样品内有水分,将在气相温度达到150℃时,手动操作停止蒸馏。其操作方法是使釜温按钮的输出值为 0,使回流比为 10(全回流),去掉釜保温罩,打开釜降温水阀。

如果有水存在,请将蒸出的油水混合物进行油水分离,然后将油加入冷却后的釜内,重新按步骤①④⑤⑥⑦⑧⑨进行常压蒸馏。

常压蒸馏结束后,将丁烷收集器的两个手动阀置于关闭位置,取下容器称重并记录丁烷的质量。

⑨给釜通冷却水降温,对切出的油样进行称重并记录。

3.塔Ⅰ减压蒸馏

当釜温及塔温降到100℃以下时,可进行塔Ⅰ的减压蒸馏。

操作步骤如下所示。

①设定切割点。此时设定的切割点温度均为换算到常压下的温度,用真空按钮的 SV 设定减压的系统压力。

②正确连接各接口及接收器,在低温浴槽指示温度均达到-20℃以下后开启

冷剂泵,给主冷凝器及冷阱降温。

③如果釜及塔温是在室温下,先将釜加热到100℃左右,再启动真空泵,即点击泵按钮和截阀按钮使它们处于红色。塔Ⅰ减压蒸馏时一般为13.33 kPa、6.5 kPa、1.33 kPa、0.65 kPa、0.266 kPa(系统压力为0.266 kPa时,回流比为2)。当某一设定的压力不能完成塔Ⅰ最后应达到的切割温度时,要在釜温达到320℃以后降温,等釜温降到下一个压力下的釜内最轻组分的沸点以下,再降低系统压力,重新加热蒸馏,直到完成塔Ⅰ减压蒸馏。塔Ⅰ减压蒸馏的终结温度在350~425℃。当切割温度达到350℃或有蜡析出时,要打开恒温水浴热水循环泵,以保证馏分能进入接收器。

4.塔Ⅱ减压蒸馏

塔Ⅱ是用来对大于350℃的馏分进行切割的。因馏分较重,所以要在较低的压力下进行蒸馏,并且流出管路要进行保温。当气相温度从开始的室温有所升高或塔Ⅱ下部有深色液体回流时,降低加热强度,一般为25%左右,使中间罐控制阀处于红色状态,随着馏分的流出,计算机按设定的切割点自动控制切割,直到釜温达到350℃或操作人员干预为止才停止加热。蒸馏过程中要根据流出速度调整加热强度,馏分以滴状进入接收管为最佳。塔Ⅱ最高切割温度为530~550℃。蒸馏结束后,打开釜冷却水阀给釜降温,当釜温达到200℃以下时,打开放空阀,使系统恢复常压后,关闭真空泵。

5.塔清洗

塔的清洗对保持塔效、提高仪器使用寿命是极为重要的,所以每次蒸馏后必须认真清洗。操作步骤如下所示。

(1)塔Ⅰ清洗。

①向玻璃洗瓶内加入1 000 mL左右石油醚或汽油,将洗瓶连到塔Ⅰ上。

②启动冷凝器制冷及循环系统。

③加热进行塔Ⅰ常压蒸馏。

注意:此时阀二必须处于红色状态。当返回到洗瓶内的液体色清透明时,启动回流阀,管线外观干净后,就可停止蒸馏。

如果要求严格,请将流回洗瓶内的轻组分蒸干,称量洗瓶内残液的质量,得到塔Ⅰ滞留量,可将该滞留量加到塔Ⅱ的第一个馏分上,也可在进行塔Ⅱ蒸馏前加入釜内。

(2)塔Ⅱ清洗。

如果不用测量塔Ⅰ滞留量的话,可将洗瓶移至塔Ⅱ进行常压蒸馏。在塔Ⅱ进行常压蒸馏时,接收器可不达到密封位置以利轻油蒸气对流出管路的清洗,直到外观干净为止结束清洗蒸馏。

将洗瓶内的洗液与接收器收到的洗液合在一起,蒸干其中的轻组分,称取洗瓶内残液质量,该残液作为塔Ⅱ的最后一个馏分,也可把它当作蒸馏釜内渣油来处理。

6. 渣油处理

塔Ⅱ蒸馏结束后,蒸馏釜内的渣油要称取质量以备总收率的计算。

减压渣油的黏度很大,要在很高的温度下(一般150℃左右)才能倒出。倒渣油的方法是用倒油夹夹紧釜,从小孔将渣油倒出以防磁搅拌转子随渣油一起倒出。倒油时要注意风向,以免伤及操作人员,然后再用轻油将釜洗净以备下次蒸馏。

7. 特殊操作

(1)轻组分少含水量高的石油脱水。

轻组分少含水量高的石油在进行脱水时比较困难,因为水的气化潜热较大,表面张力也大,容易在填料塔内形成水柱层,达不到流出口。为破坏这个水柱层,可在 N_2 入口向釜内通入适量的 N_2 流量,用来冲破水层,降低水的分压,使水变成蒸气上升;也可把 DC1、DC2 的输出值给到20%左右,从塔的外部给水层加热,使液态水变成水蒸气升到塔的顶部,经流出口将水排出。

(2)当某一馏分过多,一个接收管容纳不下时的手动换管。

发现这种问题时,可以在将要达到的切割点前插入一个适当的设定值,使其在液体溢出前就自动换管;也可先将中间罐排放控制阀关闭,再用按钮进行手动换管。

8. 实时记录

该仪器的控制系统可按操作人员给定的时间间隔自动打印出各控制点的过程值,只要点击联机按钮使其处于红色,就给出了记录打印开始的命令,打印间隔为1~5 min,人为设定。当某个切割点达到时,计算机自动打印该温度时的所有过程值。

9. 安全事项

①手动加热炉升高与塔对接时,必须控制好挤压力度,力小了密封不好,力大了可能损坏分馏头。

②启动仪器之前,必须通冷却水以保护冷浴压缩机及搅拌电动机。

③常压操作时塔Ⅰ的 MV2 必须处于通的状态,塔Ⅱ要有排放口(比如取下麦氏计接头等)。

④减压操作完成后,必须先放空后停止真空泵,放空要等到塔温及釜温降到适当的温度后才能进行。

⑤恒温水浴槽内的水面距上盖板距离不得超过 30 mm。

⑥仪器上方不得有任何物件悬吊,不得用硬物品碰撞玻璃件。

⑦该仪器所有"O"型胶圈均为特殊材料制成,耐油耐温,不得用其他种类代替。

⑧安全地线要求在4Ω以下。

⑨计算机电源插座不能插错,也不能插其他用电设备。

⑩不要带电拔插可编程序控制器模块和计算机打印电缆及通信电缆。

⑪操作室温度保持在10~30℃,湿度保持在40%~70%。

⑫电源电压保持在200~240 VAC、50/60 Hz。

10.维护

要使仪器能正常运转,平时的维护是至关重要的。维护时主要注意以下几方面。

①每次蒸馏结束后,必须对塔进行彻底地蒸馏清洗,以保持塔效。

②要保持真空泵油位达到规定位置(油标中线)。

③检查冷阱内是否有轻油或泵油,如有请倒掉并洗净。

④该仪器共有5个玻璃磨口,平时要检查各磨口是否易于转动,如果转动不灵活,请取下后涂真空脂,以保证其真空密封性能。

⑤转动接收器底盘上不能有轻油积存,以保证"O"形胶圈的密封性,如果发现轻油,请取下有机玻璃罩,把底盘及"O"形胶圈擦干净,再重新装好。

塔Ⅱ减压蒸馏结束后,称量各馏分的质量,计算各馏分的收率及总收率,并测定各馏分油的理化性质,数据整理。

(四)实沸点蒸馏曲线、性质曲线、产率曲线和等值线

实沸点蒸馏曲线、性质曲线、产率曲线和等值线可为炼厂制定加工方案、工艺设计计算提供数据。

1.实沸点蒸馏曲线

实沸点蒸馏曲线又称总收率-沸点曲线,以总馏出质量百分收率为横坐标,以相应的常压馏出温度为纵坐标作图,可绘制实沸点蒸馏曲线。图1-12中实沸点蒸馏曲线大致反映出石油各种直馏产品的收率。

绘制曲线时应注意:应以每段馏分最高馏出温度与相应的总收率作图,并且减压温度范围要换算为常压温度范围再作图,否则,做出的曲线不连续,分段。

2.性质曲线

性质曲线又称中百分比曲线或中比曲线,常和实沸点蒸馏曲线绘制在同一张图上。

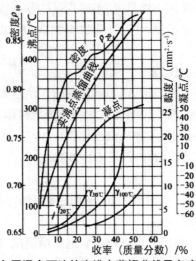

图 1-12   大庆萨尔图混合石油的实沸点蒸馏曲线及各窄馏分的性质曲线

由实沸点蒸馏得到了许多窄馏分,这些窄馏分的性质有密度、凝点、黏度、硫含量等。对每个窄馏分来说,它仍然是一个复杂有机化合物的混合物,而对该馏分的性质,密度、凝点、黏度等是将每个馏分全部收集后(混合物)测得的,所以某一性质是表示该窄馏分这一性质的平均值,那么在绘制性质曲线时,就应假定这一平均值相当于该馏分馏出一半时的性质。这样,以各种性质的数据为纵坐标,以相当于馏出该馏分一半时的累积中百分比总收率为横坐标作图,所得曲线称为性质曲线。

例如,某石油实沸点蒸馏得到如下数据。

沸程范围 /℃	馏分收率 /%	总收率 /%	ρ_{20}/ (g·cm^{-3})	积累中百分比总收率 (质量分数)/%(横坐标)
初馏点~60	1.2	1.2	(纵坐标) 0.692 0	0.6(1.2/2=0.6)
60~100	2.1	3.3	0.710 2	2.25(1.2+2.1/2=2.25)
100~125	3.2	6.5	0.726 8	4.9(3.3+3.2/2=4.9)
⋮	⋮	⋮	⋮	⋮

由上列数据可知:第一个馏分(初温~60℃),ρ_{20}=0.692 0 g/cm^3,收率为1.2%,它不代表馏出率为1.2%时的最后馏出油的密度,而代表初馏点~60℃馏分油的平均密度。即代表相当于该馏分馏出一半时的密度(收率为0.6%时的密度),即 ρ_{20}=0.692 0 g/cm^3 所对应的横坐标是0.6%。

第二个馏分收率是2.1%,ρ_{20}=0.710 2 g/cm^3,所以0.710 2 g/cm^3 所对应的

横坐标是 1.2%+2.1%/2＝2.25% 或（1.2%+3.3%）/2＝2.25%。

第三个馏分收率是 3.2%，ρ_{20}＝0.726 8 g/cm³，所以 0.726 8 g/cm³ 对应的横坐标是 3.3%+3.2%/2＝4.9% 或（3.3%+6.5%）/2＝4.9%。

其他馏分以此类推。绘制其他性质曲线时也类同，图 1-12 是大庆萨尔图混合石油的实沸点蒸馏曲线及密度、凝点、各温度下黏度性质曲线。但注意这些性质曲线有一定局限性，因为石油性质除密度、馏程、残炭等少数性质具有可加性外，其他大多数性质如闪点、凝点、黏度等都不具有可加性。因此性质曲线只能表明各窄馏分的各种性质变化情况，而不能表明各宽馏分的性质变化情况，也就是说：对于具有可加性的性质，由性质曲线可查出该性质随收率变化情况。如大庆石油：300℃ 时的质量收率为 22%，350℃ 时的质量收率为 28%，所以 300～350℃ 这段馏分的累积中百分比总收率＝22%+（28%-22%）/2＝25%，因此由图 1-12 可查得该馏分的密度 ρ_{20}＝0.826 0 g/cm³；而不具有可加性的性质，由性质曲线只能查看各窄馏分性质随 m% 收率变化情况，而不能查看宽馏分性质随；m% 收率变化情况。例如，大庆石油 300～325℃ 馏分，凝点 SP＝1℃；325～350℃ 馏分，凝点 SP＝10℃，按收率比例混合后变为 300～350℃ 的宽馏分，假如收率相同，凝点 SP≠（1+10）/2＝5.5℃，一般高于 5.5℃（通常要实测）。

性质曲线应用举例：

由图 1-12 可查出大庆石油 300～325℃ 馏分的密度 ρ_{20}＝0.822 g/cm³，黏度 v_{50}＝3.5 mm²/s，凝点 SP＝12℃。

因此中比曲线不能作为制定石油加工方案的根本依据，要制定石油加工方案还要根据石油的产率曲线来制定。

3.产率曲线

（1）定义。严格地讲，产率曲线应称为产品收率—性质曲线也称为收率曲线或（产品）馏分油性质曲线。

在制定石油加工方案时，比较可靠，严格的方法是绘制各种产品的产率曲线。所谓产率曲线是表示某一宽馏分（产品）的产率（收率）与其性质关系的曲线。所以按照不同的产品，可作汽油、柴油、重油产率曲线。

产率曲线的纵坐标是产品的各种理化性质，横坐标是相应的宽馏分占石油的质量收率（产率）。

图 1-13 是大庆石油重油产率曲线图，表 1-17 是大庆石油重油产率曲线部分数据。

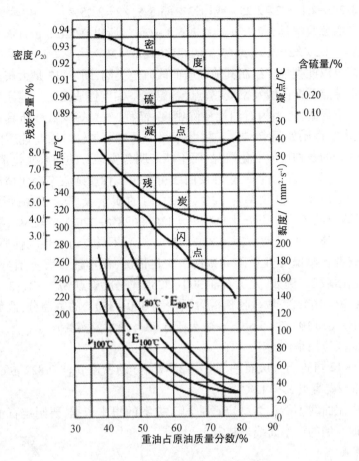

图1-13　大庆石油重油产率曲线图

表1-17　大庆石油重油产率曲线数据

馏分温度 范围/℃	馏分收率 （质量分数） /%	掺合后重油试样 占石油收率 （质量分数）/%	密度（70℃） /（g·cm⁻³）	凝点/℃	运动黏度（100℃） /（mm²·s⁻¹）
>500	42.93	42.93	0.893 5	36	132.5
450~500	4.85	42.93+4.85=47.78	0.889 0	37	88.9
400~450	8.25	47.78+8.25=58.18	0.879 5	43	59.4
350~400	9.80	58.18+9.8=67.98	0.889 7	44	35.8
300~350	10.83	67.98+10.83=78.81	0.857 9	40	20.5

（2）产率曲线的绘制。以重油产率曲线为例：在进行石油实沸点蒸馏时，尽

可能拔出重馏分油(如500℃以前的油全拔出),釜底剩下>500℃的渣油,其收率按表1-17是42.93%。以密度ρ_{20}为纵坐标,相应的重油收率为横坐标作图,便可得到密度这一性质的重油产率曲线,同理可得其他性质的重油产率曲线。

与渣油相邻的馏分是450~500℃馏分,取一部分渣油作为基础油与一部分(按各自收率计算)450~500℃馏分油混合,测出各性质,再与一部分(按收率)400~450℃馏分油与前一基础重油混合,测出各性质,以此类推,一般调配3~5个重油试样,测得各性质,便可绘制重油产率曲线。

汽油、煤油、柴油、重整原料在绘制产率曲线时是以某产品中较轻一个馏分油为基础馏分,然后依次按收率掺入相邻的较重馏分,测各组分的性质,便可绘出各馏分油的产率曲线。

(3)产率曲线用途。例如在确定润滑油减压蒸馏方案时,需要知道蒸到不同深度所剩下的残油性质,便可从重油产率曲线中得到,比如要知道重油占石油为70%时,即拔出30%轻油后,剩下重油的性质,可从重油产率曲线中查到(中比曲线就不能直接查):黏度$v_{100} \approx 2.2$ mm²/s,闪点$FP \approx 248℃$,残炭(质量分数)%≈4.0%,黏度=4.5 mm²/s,凝点$SP = 36℃$,硫含量S%=0.15%,密度=0.912 g/cm³。

(4)产率曲线和中百分比曲线的区别。产率曲线表示的是不同产率下各宽馏分(或产品)的性质(累积性质),其特点是:由产率曲线可直接查出各宽馏分(或产品)对应 m%收率下的各种性质;中比曲线表示的是各窄馏分性质(不是累积性质),其特点是:只能查看窄馏分性质,不能查看宽馏分性质。所以通常不作产率曲线,将各油品产率、性质列成这种表格也可反应不同产率下各宽馏分(或产品)的性质。

在得到了一种石油的实沸点蒸馏数据和蒸馏曲线,以及中比性质曲线和产率曲线后,就算完成了石油的初步评价。这样就可由得到的性质和曲线制定石油的加工方案,也就是说由该石油可生产哪些产品,在什么温度下切割以及所得的产品的性质合格与否,由上述几条曲线便可知晓。并且由两个关键馏分可以确定该石油的基属。

表示中比性质和产率之间的关系更方便的方法是用等值线图来表示。

4.等值线(图)

在制定加工方案时,往往要切取不同的窄馏分和宽馏分,并测其性质,但这些馏分的数目必定总是有限的,所以当要了解某一中间馏分的性质,比较方便的方法就是利用等值线图。

图1-14和图1-15都是等值线图,图1-14是运动黏度等值线图,图1-15是辛烷值等值线图。

等值线图的横坐标是表示实沸点蒸馏某馏分开始馏出温度(或开始收率),

纵坐标是对应馏分终止时的温度(或终止时的收率)45°直线坐标是表示性质(凝点 SP,黏度 v,密度 ρ_{20} 等)坐标。

(1)等值线定义。在坐标纸上,在45°坐标上部,把性质相同、馏分范围不同的等值馏分的开始馏出温度(或收率)作为横坐标,对应馏分终止时的温度(或收率)作为纵坐标所绘出的点连成一直线(或曲线),此直线(或曲线)叫等值线。绘制出所有等值线后,所得到的图就是等值线图。

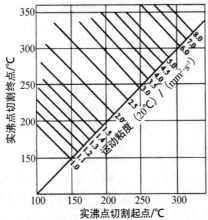

图 1-14　大庆混合石油中间馏分的黏度(20℃)等值线图

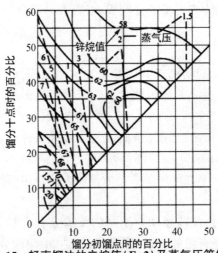

图 1-15　轻直馏油的辛烷值(F-2)及蒸气压等值线图

(2)等值线(图)的绘制。作等值线图时,是把馏分范围不同但性质相同的等值馏分的起始温度(或收率)标于横坐标上,把相应的馏分的终止温度或收率标于纵坐标上,这样可得几个交点,连接这几个交点并延至45°直线上得等值线,以此类推做出其他等值线,便得到了等值线图。

现有实沸点蒸馏切割的等值馏分如下:

等值馏分/℃　$\rho_{20}/(g \cdot cm^{-3})$

（横标）（纵标）

150~1 650.760 0

130~1 820.760 0

110~2 010.760 0

按上述数据,在坐标纸上标出横、纵坐标,得三个点,连结这三个点便得 $\rho_{20} =$ 0.760 0 g/cm³ 的等值线。以此类推作 0.770 0、0.700 8 等等值线。

其他性质的等值线图绘法类似。作等值线图是一项很烦琐的工作,要收集大量数据（等值馏分数据）,但有些等值线图前人们已为我们绘制出（如密度、黏度、蒸气压、辛烷值等）,由这些图便可方便地了解中间馏分的性质。

【例1-1】由图1-13查出200~350℃:馏分的密度 ρ_{20},横坐标200℃,纵坐标350℃的交点,按密度等值线查出 $\rho_{20} = 0.816$ g/cm³,该馏分的黏度查法类同（200~350℃,$v_{20} = 4.2$ mm²/s）

【例1-2】若求大庆石油实沸点馏分 145~330℃ 的黏度（20℃）时,可在图1-14 中横坐标 145℃ 及纵坐标 330℃ 的交点处,按黏度等值线查得其运动黏度（20℃）为 2.75 mm²/s。实测为 2.94 mm²/s。

【例1-3】由图1-15的等值线图可知,当汽油馏分的产率为15%时,其辛烷值为 70,蒸气压为 103.4 kPa;当产率为 26% 时,其辛烷值为 67,蒸气压为68.9 kPa。

由上可知,利用等值线图取得数据,在设计估算时是很方便的,但要有较多的实验数据,才能保证图的精确度。

同样利用等值线图取得馏分油性质数据也是很方便的,并且由等值线图查出的性质数据与实测值很接近,二者绝对误差:密度 ρ_{20} 为 0.01~0.02 g/cm³、黏度 $v_t < 0.3$ mm²/s、凝点 SP<2℃、硫含量<0.05%,但馏分范围宽误差大。

七、重油馏分的短程蒸馏

由于重油轻质化技术的发展,需要知道重油馏分的组成等数据,所以为提高石油蒸馏地拔出深度,使切割终馏点达到 600~650℃（石油实沸点蒸馏一般只能切割到550℃）,所以可以采用短程蒸馏的方法拔出重油馏分,以便分析重油馏分的烃类组成。

(一)短程蒸馏的原理

短程蒸馏又叫分子蒸馏。理论上气体运动时,其分子的平均自由程 $\bar{\lambda}$,可由

下面的公式计算:

$$\bar{\lambda} = \frac{1}{\sqrt{2}\,\pi\sigma^2 n_0} \qquad (1-11)$$

不同压力下,同一分子的 $\bar{\lambda}$ 不同,可由式(1-12)表示分子平均自由程与压力的关系:

$$\frac{\bar{\lambda}_1}{\bar{\lambda}_2} = \frac{n_{02}}{n_{01}} = \frac{P_2}{P_1} \qquad (1-12)$$

式中,$\bar{\lambda}$ 为分子的平均自由程,cm;P 为气体压力(液体时为蒸气压),Pa;σ 为分子直径,cm;n_0 为单位体积内的分子数。

显然 n_0 与气体压力 P 成正比,即 P 越小,n_0 越少,P 越大,n_0 越多。

$$\bar{\lambda} \propto \frac{1}{P} \qquad (1-13)$$

$$\bar{\lambda} = \frac{1}{\sqrt{2}\,\pi\sigma^2 \cdot P \cdot K} \qquad (1-14)$$

式中,$\bar{\lambda}$ 为分子的平均自由程,cm;P 为气体压力(液体时为蒸气压),Pa;σ 为分子直径,cm;K 为 n_0 与 P 的换算系数。

同一压力下单位体积内分子数(n_0)越少,分子之间碰撞概率越小,$\bar{\lambda}$ 越大;单位体积内分子数 n_0 越多,$\bar{\lambda}$ 越小;分子直径越大,$\bar{\lambda}$ 也越小。而 n_0 与压力有关,压力越小,n_0 越少,碰撞机会越少,$\bar{\lambda}$ 越大。由式(1-11)可知,$\bar{\lambda}$ 与 n_0 成反比,与分子直径的平方成反比;由式(1-12)又知,n_0 与 P 成正比,所以 $\bar{\lambda}$ 与 P 成反比。即系统压力越低,则气体分子的平均自由程越大,气体分子越容易逃逸液体表面,而馏出与液体分离。这就是短程蒸馏的理论依据。

表1-18是 $\bar{\lambda}$ 与 P 的关系,由此表数据可知:压力越小,气体分子平均自由程越大。

目前的抽真空技术使体系压力达到 1.33×10^{-2} Pa 是没问题的,此时 $\bar{\lambda}=50$ cm。因此,可设计一种蒸馏装置,其蒸发面与冷凝面之间的距离小于气体分子平均自由程,这样在不需要加热至沸腾的情况下,便可使气体分子无阻碍地从被蒸馏的液体表面逃逸到冷凝面而被冷凝,最终达到分离目的。

表 1-18　气体分子平均自由路程与压力的关系

压力/Pa	平均自由路程 $\bar{\lambda}$/cm	压力/Pa	平均自由路程 $\bar{\lambda}$/cm
101 300	7×10^{-6}	1.33×10^{-1}	5.62
133	5×10^{-3}	1.33×10^{-2}	50
13.3	5×10^{-1}	1.33×10^{-4}	5×10^{3}

短程蒸馏的速度可由兰格缪尔(Lang-miur)的金属蒸发公式描述:

$$v = \frac{P}{\sqrt{2\pi MRT}} \qquad\qquad (1-15)$$

式中,P 为气体压力(液体时为蒸气压),Pa;M 为分子质量;R 为常数,8.314 J/(mol·K);T 为温度,K;v 为蒸馏速度,mL/min。

从式(1-15)可看出:分子蒸馏速度(v)与蒸气压(P)、分子质量(M)及温度(T)有关。在一定 T、P 下,M 小的组分蒸馏速度快,先从液体逸出而与液体分离分开,由于不同组分 M 不同,蒸馏速度不同,便可一一分开,即分子蒸馏是按 M 由小到大顺序依次馏出达到分离目的。

(二)短程蒸馏的特点

(1)液体不沸腾(而一般的减压蒸馏液体要沸腾)。

(2)液体表面与逃逸液面的气体分子之间也不存在一般蒸馏过程所具有的平衡状态(即汽—液相之间不存在平衡状态)。

(三)短程蒸馏的必要条件

(1)蒸馏装置的蒸发面与冷凝面之间的距离(h)要小于被分离物质在相应压力下的气体分子的平均自由程($\bar{\lambda}$),即 $h<\bar{\lambda}$;

(2)蒸发面与冷凝面的温度差不应低于100℃,以使经冷凝的分子不再重新蒸发,即 $t_{蒸发面}-t_{冷凝面}\geqslant100℃$;

(3)被分离混合物中各组分的蒸发速度差别要较大。Δv 要较大,即被分离物之 $\bar{M}$ 大小差别要较大。

具备以上三个条件才能使短程蒸馏顺利进行。

(四)短程蒸馏装置简介

常用的短程蒸馏装置有静止式(图 1-16)和薄膜式(图 1-17)两种。

(1)静止式。适用于实验室小批量操作,热稳定性差的试样不适用(因高温,易裂解)。特点:液层较厚,受热时间长,处理量有限。

(2)薄膜式。适用于重油馏分的分离。

特点:可形成极薄的液层,不但可缩短试样受热时间减少热分解,处理量较大,并且未分离完全的部分可循环蒸馏。

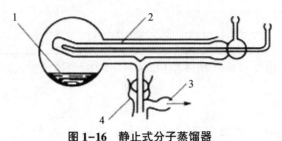

图 1-16 静止式分子蒸馏器
1-蒸发面;2-冷凝面;3-接泵;4-接收器管

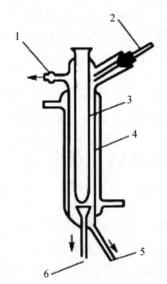

图 1-17 薄膜式分子蒸馏器
1-接泵;2-加液管;3-蒸发面;4-冷凝面;5-连接循环蒸馏容器;6-过渡容器连接处

综上所述,短程蒸馏不同于常压蒸馏和一般的减压蒸馏,它不把液体的沸腾作为起始和持续的必要条件,也不存在一般蒸馏过程中所特有的平衡状态。短程蒸馏是在压力为 0.013 3~13.3 Pa 的情况下,由于液体分子相互吸引力减小,可以在低于沸点的温度下从液面上自由蒸发直接飞逸到冷凝面而冷凝。因此短程蒸馏的必要条件是蒸馏装置的蒸发面与冷凝面之间的距离要小于被分离物质在相应的高真空下的平均自由行程;蒸发面与冷凝面的温度差不应低于 100℃,以便经过冷凝后的分子不再重新蒸发回到较高温度的原蒸发面上去;并且被分离混合物中各组分的蒸馏速度差别较大,这样才能使短程蒸馏顺利进行。

八、气相色谱法模拟实沸点蒸馏

(一) 模拟石油实沸点蒸馏

用气相色谱法模拟石油产品的蒸馏在前面已讨论过了。这里讨论的是对石油做实沸点蒸馏,其方法和原理均是以样品各组分按其沸点大小次序从气相色谱柱中流出,而且色谱图流出曲线下面的累计面积是以蒸馏时回收样品的累计质量为基础的。但由于石油中重质组分不能全部流出色谱柱,因此需要解决不挥发组分的定量问题。目前比较成熟的解决办法是:①采用小型闪蒸器,在380℃下对石油闪蒸,收集闪蒸馏分进行色谱分析,再换算为对石油的收率。由于不挥发组分未能进入色谱柱,从而避免重质组分对色谱系统的污染;②在石油试样中加入已知量的正构烷烃作内标,用内加法定量,这可达到定量较准确和样品用量少的效果,现在以后者方法为例,详述如下。

1.方法原理

样品中各组分按其沸点由低到高顺序从气相色谱柱中流出,色谱曲线下面的积累面积相当于蒸馏时回收样品的馏完馏分的累积质量,用内标法计算出不同 C 数(沸点)组分的质量收率。

2.方法

填充柱:0.8 m×2.0 mm。模拟石油的实沸点蒸馏,技术关键点是解决不挥发组分的定量问题和污染问题。目前较成熟地解决不挥发组分的定量和污染问题有以下两种方法。

(1)石油直接进样、用在进样口处(汽化室)装填少许石棉丝,以使在汽化室温度和压力下不挥发的重组分残留在之上,过一段时间取出,定期更换,解决不挥发组分污染色谱系统的问题;定量时是在石油中加入已知量的(四个)正构烷烃作为内标,把原样品与加有内标样品的色谱峰进行比较,从而定量计算馏出部分的质量百分数,并用差减法计算不挥发组分的含量,100% - 馏出% = 不挥发组分%,从而解决了不挥发组分的含量计算方法。

(2)先闪蒸,后色谱定量。采用小型闪蒸器,在380℃(300~400℃),减压下(约0.67 kPa),对石油进行闪蒸,收集初馏点500℃馏分进行色谱定量,可定量计算出馏分油中各组分将所得到的馏分油各组分含量,再换算为对石油的收率。闪蒸时液相收率就是不挥发组分的收率。这种方法由于重油不进色谱,可避免重组分(不挥发部分)对色谱系统的污染。

北京石科院在这方面的工作,采用石油进样内标法定量(污染问题用在汽化室加少许石棉丝的方法来解决),为定量计算选用 $n-C_{12}$、$n-C_{14}$,$n-C_{15}$、$n-C_{16}$四个正构烷烃作为内标,按占石油 6.0(湿重百分率)(文献介绍占 5%~10%)等体积加入石油中充分混合均匀,然后在相同色谱条件下进行二次色谱分析。第一次进石油(无内标原样),第二次进加有内标的石油样品,由两次进样的峰面积之差求取内标峰面积 $A_内$。再由内标峰面积与加入到石油中内标的质量,便可计算色谱图上以正构烷烃沸点为准的各色谱峰的质量百分收率。

3.数据处理

样品数据、谱图处理。图 1-18、图 1-19 是大庆石油和大庆石油加内标后的色谱图。色谱过程中要记录各峰出峰时间,并由计算机打出各峰出峰时间和相应的峰面积($\mu v \cdot s$),由谱图求出。

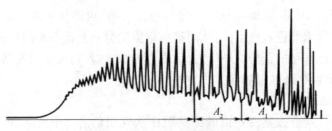

图 1-18　大庆石油色谱图

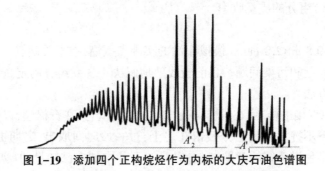

图 1-19　添加四个正构烷烃作为内标的大庆石油色谱图

(二)沸点<800℃重油馏分的模拟蒸馏(毛细管气相色谱法)

石油的模拟实沸点蒸馏只能得到最高沸点在 500℃左右的蒸馏曲线。若要得到大于 500℃的重油的馏分组成,作为设计和改进二次加工装置的依据,可以对<800℃的重油馏分进行模拟蒸馏,即填充柱气相色谱法只能得到 500℃以前的模拟蒸馏曲线,毛细管气相色谱法可得到 800℃馏分组成。下面是对沸程为500~760℃的减压重油馏分进行模拟蒸馏的实例。

标样:聚合度为 655 的低分子质量($C_{20} \sim C_{120}$)聚乙烯,可得到沸程范围 200 ~ 800℃的校准曲线(见图 1-20)。

色谱柱:柱长 15 cm,内径 0.53 mm,涂渍薄层聚硅氧烷,采用这样的毛细管柱可使柱温降低 100℃以上(与填充柱相比,毛细管柱柱温低),以免固定相流失。

进样器:采用冷柱头进样器,避免进样时试样受高温而裂解。

溶剂:CS_2 溶解油样。

程升范围:40~430℃,由于油样的压力 $P_{油}$ 下降,沸点亦下降,所以不用太高温度就可以使近 800℃以下的组分气化馏出。

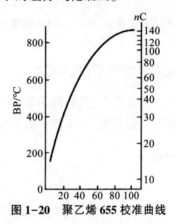

图 1-20　聚乙烯 655 校准曲线

其中标样、色谱柱和进样器是三个关键技术,图 1-21 是该重油馏分试样的色谱图。图 1-22 是该重油馏分的模拟蒸馏曲线图。目前国外已有专门用于重油馏分模拟蒸馏的色谱仪。

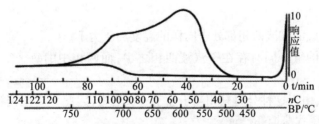

图 1-21　减压重油馏分(500~760℃)模拟蒸馏色谱图

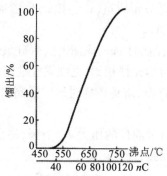

图 1-22　减压重油馏分(500~760℃)模拟蒸馏曲线图

九、石油的一次汽化(闪蒸或平衡蒸发)

为了给炼厂设备的设计,装置操作、控制提供数据,需要预先知道汽、液相间的平衡数据,尤其是对常减压蒸馏装置,一次汽化的数据更为重要。

(一)一次汽化概念、特点

1.概念

在炼厂常有这样的装置:进料(石油、重油、馏分油)以某种方式被加热至某一温度,然后经减压设施,在某一容器(如闪蒸罐、蒸发塔、蒸馏塔的汽化段等)的空间内,于一定温度和压力下,汽液两相迅速分离,得到相应的汽、液相产物,这个过程叫一次汽化,也叫闪蒸或平衡蒸发,此时气相产物的收率百分数叫气化率。

2.特点

(1)所形成的汽液两相都处于同样的温度和压力下。

(2)所有的组分同时存在于汽液两相之中,而两相中的每个组分也都处于平衡。

(3)$n=1$,由于这种分离只相当于加了一块塔板,因此分离比较粗略。(夹带现象严重,比恩式蒸馏还严重)。

(二)一次汽化曲线的绘制

一次汽化分为常压和减压两个步骤。常压闪蒸适用于轻馏分油($<350℃$)和石油;减压闪蒸适用于重油($>350℃$的重油)。

1.常压闪蒸

实验时,在一定实验压力下,升温,达到实验需要温度后,控制加热温度在

±1℃,然后将样品称重,以一定速度进料。待样品全部进入,气相馏出管及液相馏出管不再有油滴馏出时,停止加热。分别称取馏出油的质量,计算占石油的质量百分率。继续变换不同的温度做实验,一般做 5 次以上。实验完毕,以汽化温度为纵坐标、以气相馏出油的收率(汽化率)为横坐标作图,可绘出平衡汽化曲线。对重油则测定减压下的平衡汽化曲线。

仪器结构示意图见图 1-23。按此图连接好仪器后,蛇形管和闪蒸罐升温至所需温度,控制在(t±1)℃,然后用泵(柱塞泵)把一定量(G)石油(或馏分油)打入蛇形管加热,进入闪罐,汽液分离,接收汽液相馏出物,称重并计算百分收率:

$$气相收率:w_g = \frac{A}{G} \times 100 \qquad (1-16)$$

$$液相收率:w_l = \frac{B}{G} \times 100 \qquad (1-17)$$

式中,w_g 为气相收率(质量分数),%;w_l 为液相收率(质量分数),%;A 为气相馏出质量,g;B 为液相馏出质量,g;G 为油样质量,g。

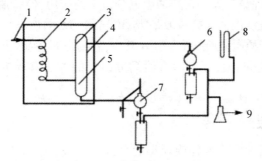

图 1-23　一次汽化流程示意图

1-进料;2-加热蛇形管;3-气相测温管;4-分离器;5-液相测温点;

6-气相接收器;7-液相接收器;8-压力计;9-接真空泵

这样便完成了一个温度点的测定。然后另选一温度重复操作,做 5 个点以上,可得一系列馏出温度(平衡汽化温度)—气相收率数据,作平衡汽化温度-汽相收率图即为常压闪蒸曲线(一次汽化曲线)。

常压闪蒸时,测定温度原则上不大于 350℃(以防裂化),最高不超过 380℃。

2.减压闪蒸

同理在残压 0.267~1.33 kPa(2~10 mmHg)的条件下,选择不同汽化温度,做重油(渣油)闪蒸实验,作温度和气相收率曲线,可得重油减压闪蒸曲线。但要注意,必须将减压温度换算为常压温度作闪蒸曲线,否则会出现间断现象。石油和重油的平衡汽化数据是炼油工艺设计计算的重要原始数据,常用来计算加热炉管和输油管线中的汽化率,分馏塔进料段温度和分馏塔的塔顶、塔底及侧线温度等。炼油厂就是根据一次汽化数据及曲线,并参照其性质确定石油加热温度,如大庆石油加热至 360~370℃,然后进常压塔蒸馏,再进减压塔蒸馏。

第二节 烃类组成的测定

一、汽油馏分组成的测定

物质的性质决定于它们的组成和化学结构,石油是复杂的有机化合物的混合物,要想合理利用石油资源,必须研究改进加工方案,才能生产出质优价廉的石油产品,这些都需要对石油的组成有充分的了解。长期以来,人们对石油组成的分离和鉴定都做了大量的工作。通常把石油按产品要求切割成各个宽馏分,然后按其中各烃类的物理和化学性质的差异,建立各种测定组成的方法。经典的测定组成的方法一般需要时间较长,手续烦琐,现已不能满足科研和生产的需要。因此,近代物理分析方法在石油组成分析中的应用,使石油组成的测定进入了一个崭新的阶段。汽油馏分一般是指初馏至 200℃的液态烃类($C_5 \sim C_{11}$)混合物。由于汽油分子质量较低,所含组分较少,容易分析鉴定,并且测定组成的方法研究得也比较透彻。通常表示汽油馏分组成的方法有族组成和单体烃组成两种。

(一)汽油族组成的测定

族组成是根据油中所含各族烃类的百分含量来表示其烃类组成的方法,表示方法如下。

对于直馏汽油,一般用烷烃、环烷烃、芳香烃的质量百分含量来表示其族组成(气相色谱法),其中烷烃还可分为正构烷烃和异构烷烃,环烷烃可分为环戊烷系和环己烷系以及单环环烷烃、双环烷烃、多环环烷烃等。

对二次加工汽油用烷、环烷烃、烯烃、芳香烃的质量百分数来表示其族组成(气相色谱法)。

对于煤-柴油、润滑油馏分,由于所用分析方法不同,表示方法也不同,常表示如下。煤-柴油、润滑油馏分(柱色谱法)可分为饱和烃(正构烷烃,非正构烷烃)、轻芳烃(单环)、中芳烃(双环)、重芳烃(≥三环);

二次加工柴油用饱和烃、烯烃、轻芳烃、中芳烃、重芳烃来表示;

渣油用饱和烃、芳烃、胶质、沥青质表示(主要用质谱法)。

测定汽油族组成的早期(经典)方法是采用磺化反应测定芳烃含量;不饱和烃与溴、碘加成反应测定烯烃含量;苯胺点法测定烷烃、环烷烃、芳烃含量等。目前,这些化学方法已被近代仪器分析法所代替。

1.荧光色层法——液固吸附柱色谱法

这是液固吸附色谱(顶替法)在石油馏分族组成分析中的具体应用。该方法是用吸附色谱柱将各族烃吸附分离后,利用带荧光的混合染料在紫外线的照射下和不同的烃族呈现不同的荧光来鉴定被分离的组分。使用的玻璃毛细管吸附柱如图 1-24 所示。柱长为 1 625 mm;吸附柱分为加料段(内径为 12 mm,长为 80+75＝155 mm)、分离段(内径为 5 mm,长为 190 mm)、分析段(内径为 1.6 mm,长为 1230 mm)。吸附剂如下,100～200 目色谱用硅胶(177℃下活化 3 h)测汽油、煤油、石脑油时用细孔(10～20 A)硅胶;测柴油时用(40～50 A)硅胶,粗细比例为 1：4(体积比),分析段要求严格,要用水银逐段(100 mm)校验。

测定时,吸附柱内装入经活化后的 100～200 目细孔硅胶,向试样中加入 0.1% 左右的荧光指示剂(荧光染料)。如用标准染色硅胶作为指示剂,应直接填充在分离段中部的硅胶吸附剂中,再用注射器吸取带指示剂的试样 0.75 mL,注入加料段中硅胶表面下的 30 mm 处,以防反混。接着加入异丙醇作为顶替剂,为使柱内流速稳定,提高分析速度,在柱顶入口管处用压缩空气或氮气加压,维持压力在 19.6～34.3 kPa 下进行操作。加压是为了缩短分析时间。由于试样中各族烃类在硅胶上的吸附强弱不同,样品中各族烃类在硅胶上的吸附强弱顺序为非烃化合物>共轭二烯烃,芳烯>芳烃>烯烃>饱和烃。

单位：mm

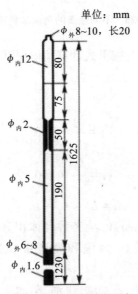

图 1-24　毛细管吸附柱

吸附时,吸附能力弱的组分先馏出,吸附能力强的组分最后馏出。将按各自吸附性能的强弱,在硅胶柱上进行吸附分离,形成各自的色谱带。在紫外线照射下,显示出芳烃、烯烃、饱和烃的色谱界线(芳烃谱带包括某些二烯烃和带烯基侧链的芳烃及含氮、硫、氧的非烃化合物)。不同烃类的谱带颜色不同,见图1-25。

图1-25 不同烃类的谱带颜色不同

测量各类烃的色谱带长度,按下式计算其体积百分含量。

$$V_1 = \frac{L_1}{L} \times 100 \qquad\qquad (1-18)$$

$$V_2 = \frac{L_2}{L} \times 100 \qquad\qquad (1-19)$$

$$V_3 = \frac{L_3}{L} \times 100 \qquad\qquad (1-20)$$

$$L = L_1 + L_2 + L_3 \qquad\qquad (1-21)$$

式中,L_1 为芳香烃谱带长度,mm;V_1 为芳香烃体积分数,%;L_2 为烯烃谱带长度,mm;V_2 为烯烃体积分数,%;L_3 为饱和烃谱带长度,mm;V_3 为饱和烃体积分数,%。

本方法适应用于直馏汽油、石脑油、煤油、柴油烃类族组成的分析,但不适用含有焦化产品的汽油、柴油族组成的分析(主要是由于焦化产品中非烃、胶质含量较多,计算芳烃含量时误差较大)。表1-19是用荧光色层法测定各种轻质油品族组成数据。

表1-19 用荧光色层法测定各种轻质油品族组成数据

组成	试样名称					
	三厂直馏汽油	南炼石脑油	东炼2号航空煤油	东炼3号航空煤油	兰炼0号柴油	南炼-10号柴油
芳香烃(体积分数)/%	2.6	5.1	4.8	8.7	21.5	21.1
烯烃(体积分数)/%		0.5	0.5	0.7	2.7	5.4
饱和烃(体积分数)/%	97.4	94.4	94.6	90.6	75.8	73.4

2.气相色谱法(测定汽油馏分烃类族组成)

(1)直馏汽油烃类族组成测定方法(直馏汽油烷烃、环烷烃、芳烃含量测定)。

由于重整工艺和其他方面的发展需要,色谱法测定汽油馏分的族组成已有很大发展(在中国,发展最快的一段时间是1978~1983年)。以前,无论用什么方法对烷烃(主要指异构烷烃)和环烷烃,由于二者的化学性质十分接近,物理性质(如沸点)也相近,都无法分离。1968年Brunnock和Luke发现了13×分子筛(Na型4A)具有分离烷烃和环烷烃的特殊效用,这以后又经过一些改进,使用13×分子筛的多孔薄层程序升温的填充柱可在12 min内分析C_{11}以前不同碳数的烷烃、环烷烃(五、六元环),并结合ZBE3007—88方法可在20 min内(25℃)分析C_9、C_{10}及以前各芳烃单体含量。

抚顺石油化工研究院在这方面做了不少的工作,他们采用13×分子筛的多孔薄层填充柱用于汽油馏分族组成分析,现已制定为标准方法,该方法的色谱条件及谱图见表1-20和图1-26。

表1-20 色谱操作条件

项目	条件	项目	条件
色谱柱	∅2 mm×200 mm	检测器	氢火焰
固定相	13×分子筛,2 μm	检测器温度/℃	150
载体	201酸洗红色担体	载气(H_2)流速/(mL·min^{-1})	60
柱温/℃	180~350	空气流速/(mL·min^{-1})	1 000
程升速度/(℃·min^{-1})	8,C_8出峰后12	进样量/μL	0.02~0.05
汽化室温度/℃	200		

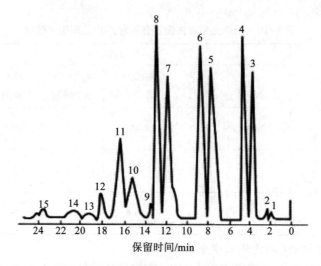

图1-26 汽油馏分族组成测定色谱图

1-C_5 环烷烃;2-C_5 烷烃;3-C_6 环烷烃;4-C_6 烷烃;5-C_7 环烷烃;6-C_7 烷烃;7-C_8 环烷烃;
8-C_8 烷烃;9-苯;10-C_9 环烷烃;11-C_9 烷烃;12-甲苯;
13-C_{10}环烷烃;14-C_{10}烷烃;15-二甲苯

该方法是将13×分子筛微粒(2 μm)涂渍在201酸洗红色单体(40~60目),制成固定相,然后装于长0.2 m、内径=2 mm的色谱柱中,制成多孔薄膜(指分子筛)色谱柱,再用程序升温的方法,用氢焰离子化检测器可分析60~145℃馏分中各族烃类。分离是按C数由小到大的顺序分出环烷烃、烷烃、芳烃,然后根据各组分峰面积用归一法计算各组分百分含量(60~145℃重整原料):

$$C_i = \frac{S_i}{\sum\limits_{i=1}^{i} S_i} \times 100\% \qquad (1-22)$$

式中,C_i 为样中 i 组分百分含量(质量分数),%;S_i 为样中 i 组分峰面积;$\sum\limits_{i=1}^{i} S_i$ 为样中 i 组分峰面积的和(包含芳烃)。

再分别把烷烃、环烷烃和芳烃各组分的百分含量相加,便可得到该馏分油中烷烃、环烷烃和芳烃的质量百分含量(见表1-21)。对于60~145℃重整原料:芳烃含量 C_A% 也可由色谱图直接加合求得

$$C_A = \frac{A_i}{\sum A_i} \times 100\% \qquad (1-23)$$

式中,C_A 为样中芳烃百分含量(质量分数),%;$\sum A_i$ 为样中所有组分峰面积之

和; A_i 为样中各芳烃峰面积(图 1-26 中峰面积 = 9+12+15)。

表 1-21　大庆重整原料油的族组成数据

项目	60~130℃				60~145℃			
	烷烃	环烷烃	芳烃	总计	烷烃	环烷烃	芳烃	总计
C_4	0.31			0.31	0.13			0.13
C_5	1.30	0.33		1.63	0.62	0.22		0.84
C_6	13.96	7.90	0.47	22.33	8.82	4.92	0.31	14.05
C_7	24.50	17.35	2.00	43.85	16.14	11.97	1.41	296.52
C_8	20.27	7.79	1.28	29.34	22.34	13.52	3.33	39.19
C_9	2.00	0.55		2.55	11.97	4.30		16.27
合计	62.34	33.92	3.75	100.00	60.02	34.93	5.05	100.00

对初馏点~180℃的馏分油,芳烃含量 C_A% 可按 ZBE3007-88 方法测得,该方法的色谱条件见表 1-22。它是以聚乙二醇-400 或四氰基乙氧基甲基甲烷作为固定液,6201 作为担体制成极性填充柱,使样品进行分离,其中非芳烃部分全部在苯峰之前馏出,随后各个芳烃按 C 数逐一分离,得到苯、甲苯、二甲苯、三甲苯、四甲苯等各种芳烃,用热导检测器检测,用外标峰高法定量,计算式为

$$W_i = \frac{h_i}{h} \times W\% \qquad (1-24)$$

式中,h_i 为试样中某芳烃峰高,cm;h 为标样中某芳烃峰高,cm;W 为标样中某芳烃含量(质量分数),%;W_i 为试样中某芳烃含量(质量分数),%。

表 1-22　色谱操作条件(ZBE　3007—88)

项目	条件 1	条件 2	项目	条件 1	条件 2
固定相	四氰基乙氧基甲基甲烷	聚乙二醇 400	检测器温度/℃	150	150
担体	6201	6201	汽化室温度/℃	120	95
色谱柱	∅4 mm×200 mm	同左	桥电流/mA	180	180
柱温/℃	115~120	94	氢气流量/(mL·min^{-1})	60	70
检测器	热导	热导			

定出各 C 数芳烃含量之后,进行加合,即为试样中芳烃总含量(C_A)。

对于样品中其他烃类含量可按下式计算:

初馏点至 180℃重整原料:

$$C_i = \frac{S_i}{\sum\limits_{i=1}^{i} S_i} \times (100 - C_A)\% \qquad (1-25)$$

式中，C_i 为样中 i 组分百分含量(质量分数)，%；S_i 为样中 i 组分峰面积；$\sum\limits_{i=1}^{i} S_i$ 为样中 i 组分峰面积的和(不包含芳烃)。

此外，由于生产高辛烷值汽油的需要，研究人员近年来又对宽馏分重整原料(60~180℃)进行了色谱分离分析研究，抚顺石油化工研究院采用 10×分子筛-101 薄层填充柱，对宽馏分重整原料及重整生成油进行了分析测定。用钴离子交换后的 13×分子筛多孔薄层填充柱，可对 60~180℃宽馏分重整原料和生成油测定其烷烃、环烷烃和芳烃含量，结果令人满意，其色谱图见图 1-27，但这种分析方法由于过程升温较高(150~450℃)，国产色谱仪还满足不了要求，使这一方法的推广应用受到一定的限制。

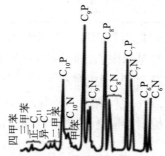

图 1-27　60~180℃重整原料油族组成测定色谱图(CoNaX 多孔薄层填充柱)

(2)含烯烃汽油族组成测定方法。

许多二次加工产品汽油中含有烯烃(除重整汽油外)，对这类汽油(即含烯烃汽油)族组成分析可采用图 1-28 色谱装置来完成。其中色谱柱 3 中的固定液是 N,N′-(α-氰乙基)甲酰胺，担体是 40~60 目的 6201。吸收柱 4 内装的是高氯酸汞吸收剂(用来吸收烯烃)，用氢焰离子化检定器(8)，通过两次进样和配合四通法的切换来完成分析测定。第一次进样不经过吸收柱(4)，经过色谱柱(3)，直接得到饱和烃和烯烃总量色谱图($S+O$)，利用阀切换和反吹技术可得芳烃色谱图(A_1)，见图 1-29(b)部分，即第一次进样可定出芳烃含量；第二次进样利用阀切换使饱和烃和烯烃经过吸收柱(4)，则烯烃被吸收留在柱中，只有饱和烃出峰(S_2)，再利用阀切换和反吹技术得芳烃色谱图(A_2)即第二次进样可定出饱和烃含量。由两次进样所得的色谱峰面积，按下式计算族组成：

$$芳烃\ \% = \frac{A_1}{(S+O)_1 + A_1} \times 100 \qquad (1-26)$$

$$饱和烃\ \% = \frac{A_1 S_2}{[(S+O)_1 + A_1]A_{21}} \times 100 \qquad (1-27)$$

$$烯烃 \% = 1 - 芳烃 \% - 饱和烃 \% \qquad (1-28)$$

式中，$(S+O)$ 为第一次进样饱和烃+烯烃峰面积；A_1 为第一次进样芳烃峰面积；S_2 为第二次进样饱和烃的峰面积；A_2 为第二次进样芳烃峰面积。

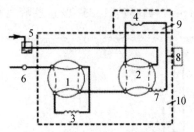

图 1-28　含烯汽油族组成测定流程图

1-四通阀Ⅰ;2-四通阀Ⅱ;3-色谱柱;4-吸收柱;5-氮气增湿器;
6-进样口;7-阻尼管;8-检测器;9、10-炉子

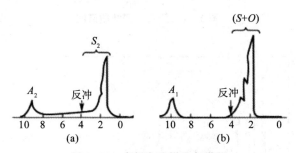

图 1-29　含烯汽油样品色谱图

(a)经吸收柱;(b)不经吸收柱

3.质谱法

质谱法测定烃类族组成是目前最好的方法,国外质谱用于烃类族组成的分析已相当普遍。美国材料与实验学学会 ASTM 标准就有 12 种方法;我国在这方面起步较晚,但发展速度很快,目前已经建立了汽油、煤油、柴油、重油、α-裂解烯烃、工业烷基苯及丙烯等烃类组成测定的方法。

(1)原理。

定性依据:质谱法用于测定汽油馏分的烃族组成是基于同一族烃都有相似的特征质谱峰。如图 1-30、图 1-31 和图 1-32 所示,无论正二十四烷、正三十二烷还是3-乙基二十四烷都具有相似的碎片离子峰,如 m/e 为 43（C_3H_7）[+]、57（C_4H_9）[+]、71（C_5H_{11}）[+]、85（C_6H_{13}）[+]、99（C_7H_{15}）[+],并且以 $C_3H_7^+$（m/e43）和 $C_4H_9^+$（m/e57）的碎片离子峰的强度最大,这样就可以把这些峰看作是烷烃的特征,同样环烷烃和芳烃也有各自的特征峰组。因此,这些特征峰组可以作为馏分油中各族烃类定性的依据,根据烃类混合物中某一质荷比的峰强度是各个组成同一质荷比的峰强度(峰高)之和,即同一质量数的峰强度有加和性的原则,可以将各族烃的特征峰组的峰强度(峰高)相加,当作一个峰高看待,作为定量的依据。反过来,当质谱图上出现 m/e 为 43、57、71、85、99 这些峰,就表明样品中含有烷烃。

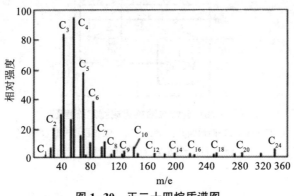

图 1-30 正二十四烷质谱图

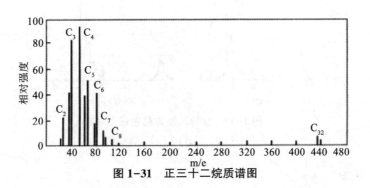

图 1-31 正三十二烷质谱图

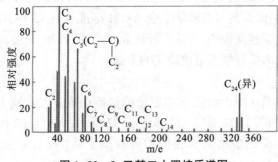

图 1-32 3-乙基二十四烷质谱图

定量依据:简单地说,同一质量数的峰强度具有加合性,根据烃类混合物中,某一质荷比的峰强度(峰高)是同族烃类中各个组分同一质荷比的峰强度(峰高)之和。如 $C_3H_7^+$ 碎片离子峰是样中所有组分可能产生的该碎片离子峰的加入所致(如汽油中含有 $C_5 \sim C_{11}$ 的各种烷烃,而 $C_3H_7^+$ 是各烷烃对该峰贡献结果的累加),也就是说,同族烃类特征峰组具有加合性(同一质量数的峰强度具有可加性),所以可将各族烃的特征峰组的峰强度相加,当作一个峰高看待,作为定量依据。由于每族的烃类都有自己的特征峰高,要测定其含量时,先做出馏分油(烃类混合物)的质谱图,然后将各特征峰组的峰高(峰强度)相加,由已知的具有代表性的纯化合物在与测定样品相同的实验条件下,预先测得各族烃的灵敏度(单位体积或单位质量的峰高)后,便可建立一组多元一次联立方程式,计算各族烃的含量。这种定量方法通常称为裂片法。

(2)质谱法测定汽油的烃类组成的实验条件如下。

电离电压 70 eV;发射电流 300 μA;分辨率大于 300;进样系统温度 200℃;电离室温度 200℃。在仪器连续运转的条件下,调节离子源推斥极电压使正十六烷的 Σ67/Σ71 在 0.22～0.24,则仪器校准达到要求后可投入使用。

(3)方法。由于各族烃类都有它们自己的特征峰组,所以测各族烃类含量时要采用如下作法。

①首先要在上述条件下得到质谱图,然后将同族烃各特征峰组的峰高相加;

②再用已知的具有代表性的纯化合物在相同条件下测得各族烃的灵敏度,单位为样品(纯化合物)体积(h/V)或单位为样品净质量(h/W)的峰高;

③可建立一组多元一次联立方程组,由此方程组,可计算各族烃类的含量。

测定时,对于汽油馏分,其烃类组成分为键烷烃单环环烷、双环环烷、烷基苯、茚满(或萘满)及萘类等六个组分,它们的特征谱峰强度加和如下:

$$x_1\Sigma(m/e)43(链烷烃链烷峰高) = (m/e)43 + 57 + 71 + 85 + 99 \tag{1-29}$$

(上式中的数字分别为 $C_3H_7^+$、$C_4H_9^+$、$C_5H_{11}^+$、$C_6H_{13}^+$、$C_7H_{15}^+$ 碎片离子的质核比)

$$x_2\Sigma(m/e)41(单环环烷峰高) = (m/e)41 + 55 + 69 + 83 + 97 \tag{1-30}$$

$$x_3\Sigma(m/e)67(双环环烷峰高) = (m/e)67 + 68 + 81 + 82 + 95 + 96 \tag{1-31}$$

$$x_4\Sigma(m/e)77(烷基苯峰峰高) = (m/e)77 + 78 + 79 + 91 + 92 + 105 + 106 + 119 + 120 + 133 + 134 + 147 + 161 + 162 \tag{1-32}$$

$$x_5\Sigma(m/e)103(茚满或萘满峰高) = (m/e)103 + 104 + 117 + 118 + 131 + 132 + 145 + 146 + 159 + 160 \tag{1-33}$$

$$x_6\Sigma(m/e)128(萘类峰高) = (m/e)127 + 141 + 142 + 155 + 156 \tag{1-34}$$

从质谱图中将各特征峰的强度相加,便可求得各族烃的总峰强(峰高)。同时需用纯化合物标定出各族烃类的灵敏度,灵敏度指的是相当于单位体积或单位质量的峰强度(峰高)。因为不同碳数的同一族烃类的灵敏度是不同的,通常选择一个具有平均碳原子数的烃的纯化合物,作为每族烃类的标样,一般是用扣除重同位素后强度最大的峰所对应的碳数作为整个组分的平均碳原子数。采用具有此平均碳数的纯化合物作为标样,在与测定试样完全相同的实验条件下,求得灵敏度。

4.核磁共振波谱法(^{1}H-NMR)

(1)定性依据。核磁共振波谱法测定汽油烃族组成,是按照不同的化学结构的烃类中氢的化学位移的差异,作为定性的依据。

(2)定量依据。由核磁共振波谱图中不同化学位移区间的相对峰面积,求取不同基团中氢的百分数,再通过有关经验公式的计算,求得汽油中各类烃中 C 数的百分含量,最后由各族烃类的 C 数百分含量由归一法计算各族烃的质量百分含量%。

(3)测定步骤如下。

①测定时先做出试油的核磁共振波谱围。

②根据图中各图的归属(表 1-23),由不同化学位移区间的峰面积积分值归一后,得到各特征因子(表 1-23 中用 A~I 符号代替)所表示的不同基团中氢原子百分数。

③再按照结构信息,由经验公式求得芳烃(AR)、饱和烃(SA)、烯烃(OL)碳原子数的相对含量。不同石油,不同工艺生产的汽油,有不同的经验计算式。下面介绍的是 T&C(裂化、焦化、催化、重整、直馏汽油掺和的汽油)的经验计算式,式中各系数 k 和样品的馏程(平均碳数)、取代情况及烯烃组成有关。

$$饱和烃 C 数相对含量 SA = k_s(1.5F + G + H/2 + I/3 - k_ROL) \quad (1-35)$$
式中,F、G、H、I 为饱和烃氢原子百分数;$k_s = 1.02$;$k_R = 1.93$。

$$芳烃 C 数相对含量 AR = k_A(A + E/3) \quad (1-36)$$
式中,A、E 为芳烃氢原子百分数;$k_A = 1.05$。

$$烯烃 C 数相对含量 OL = k_c(C - B - D) \quad (1-37)$$
式中,C、B、D 为烯烃氢原子百分数;$k_c = 5.13$。

④由 C 数相同含量通过归一法转换为绝对含量,饱和烃、芳烃、烯烃的质量百分比(绝对含量)可用它们碳原子数的相对百分比表示,并由 SA、SR、OL 归一化,计算各类烃的绝对含量。

$$饱和烃 \% = \frac{SA}{SA + OL + AR} \times 100\% \quad (1-38)$$

$$芳烃 \% = \frac{AR}{SA + OL + AR} \times 100\% \quad (1-39)$$

$$烯烃\% = \frac{OL}{SA + OL + AR} \times 100\% \tag{1-40}$$

表1-23　特征因子及其所代表的氢类型①

谱区名称	特征因子	谱区范围/(mg·kg^{-1})	氢类型
芳氢	A	6.45~7.85	
n-σ 稀氢	B	5.60~3.00	
环丙烯氢	C	4.65~5.60	
i-α 烯氢	D	4.35~4.56	
芳-α 甲基	E	2.05~3.00	
烯-α 亚甲基	F	1.75~2.05	
烯-α 甲基	G	1.45~1.75	
亚甲基 (环烷)	F+G	1.45~2.05	

①谱区范围是以四甲基硅(TSM)谱峰为零的相对距离(化学位移),其中箭头所指是信号出现在这一谱区范围内的氢。

表1-24是用核磁共振波谱法测定五个汽油烃族组成的实验结果与色谱法的对比数据。

表 1-24　核磁共振波谱法与色谱法测定汽油族组成的结果对比

样品名称	饱和烃(质量分数)/%		烯烃(质量分数)/%		芳烃(质量分数)/%	
	NMR	GLC	NMR	GLC	NMR	GLC
三厂加氢裂化汽油	98.0	97.9	—	—	1.8	2.1
二厂催化裂化汽油	38.4	42.6	45.4	41.0	16.2	16.4
七厂催化重整汽油	42.3	39.6	—	—	57.7	58.5
六厂掺和汽油(一)	55.0	61.0	31.7	26.7	12.7	12.3
六厂掺和汽油(二)	58.0	59.6	29.5	27.3	12.5	13.1

(二)汽油馏分单体烃组成的测定

单体烃组成就是要测定出汽油中存在的各种组分(单体烃)的质量百分含量。所谓单体烃组成就是按照石油馏分中每一种烃的百分含量来表示其组成的方法。石油的组成复杂,含有的单体烃种类繁多,性质相近,一一分离鉴定很困难,目前只能对石油气及低沸点的汽油馏分进行单体烃的测定。对于初馏~200℃的直馏汽油馏分中,经实验证明,沸点最低的烃 C_{13}(沸点 230℃)。这是由于汽油在分离时的夹带现象所致 de 。汽油含量在 100 ng/μL 以上的烃就有 400个以上,但主要的烃只有 100~150 个,占总体积的 90%,较为主要的组成有 150~200 个,占总体积的 95%,因此,要分析这么多的化合物(定性、定量),需用高效色谱柱。20 世纪 50 年代初期,汽油单体烃的测定还是采用精密分馏、液固吸附色谱、光谱等方法联合测定。这些方法消耗大量油样,分析一个试样的时间长达几十天。现在,由于气相色谱技术的迅速发展,小于 C_{10} 的单体的组成已经可以用高效毛细管色谱法直接测定。分析时间缩短到几小时。下面介绍北京石油化工科学研究院在这方面的工作。

1.毛细管气相色谱法测定直馏汽油单体烃含量

(1)应用范围。适用于测定 60~150℃直馏汽油中单体烃的组成。

(2)测定方法。选用高效非极性毛细管色谱柱,各组成按沸点顺序分离。使用氢焰检测器,按保留指数定性,峰面积归一法定量。最初采用的固定相是异十三烷。但异十三烷在柱温高于 140℃时,固定液流失严重,所以近期已改用硅油类固定液。一般能分离小于 C_{10} 的烃类化合物。由于石油组成复杂,碳数愈大,同分异构体愈多,所以对大于 C_{10} 的烃类的分离定性出现困难,需要采用色谱-质谱连用的方法,才能得到满意的结果。

(3)仪器设备

气相色谱仪:只要可接毛细管柱,带分流器及氢焰检测器(最低检出限量 5×10^{-11}g/s)的任何型号毛细管气相色谱仪皆可.

毛细管柱:长 80 m,内径=0.21~0.25 mm 玻璃毛细管,内壁涂渍异三十烷,理论板数大于 2 000 块/m,总理论板数大于 $1.6×10^5$ 块。

记录器:电子积分仪,微量注射器(1 μL)。

色谱条件:柱温为 50+0.1℃ 载气(N_2)入口压力为 1 kgf/cm²

汽化室温度:230℃

检测器温度:100℃

氢气流速:35 mL/min

空气流速:420 mL/min

分流比:200:1

纸速:1 cm/min

进样量:1 μL

载气柱后流速:0.55 mL/min

测定方法如下所示。

①配标样,校准。

标样按 1:2:3=环己烷:正戊烷:正己烷质量配制。

校准方法是用标样洗净注射器,取 1 μL 标样注入汽化室,记录色谱图,计算环己烷保留指数为

$$I_{环己烷} = \frac{\lg t_0 - \lg t_5}{\lg t_6 - \lg t_5} × 100 + 500 \qquad (1-41)$$

式中,t_0、t_5、t_6 分别为环己烷、正戊烷、正己烷的校正保留时间,s。

如果所得的环己烷保留指数与环己烷理论值 662.7 相差不大于 1,则柱性能稳定,可用于分析。

②样品分析。取 1 μL 样品,注入汽化室,记录色谱图。

定性:用下式计算各种烃类(单一组分)保留指数来定性

$$I_i = \frac{\lg x_i - \lg x_z}{\lg x_{z+1} - \lg x_z} × 100 + 100z \qquad (1-42)$$

式中,x_z、x_{z+1}、x_i 分别为正 Z 烷、正 $Z+1$ 烷和试样中待测组分 i 的校正保留值,可用保留时间或记录纸距离表示。求出各组分在 50℃柱温下的保留指数后,便可定性确定各待测组分。

定量:用峰面积归一化法定量。

首先计算各组分峰面积:微处理机直接打出;手工计算:$A_i = h_i W_{i/2}$(峰高×半高宽)按下式计算各组分质量百分数:

$$x_i = \frac{A_i}{\sum_{i=1}^{n} A_i} × 100\% \qquad (1-43)$$

式中，A_i 为 i 组分的峰面积，$\mu V \cdot s$；$\sum\limits_{i=1}^{n} A_i$ 为峰面积之和，$\mu V \cdot s$。

分析一个样需 150 min（不含仪器平衡时间），可测出 60～150℃汽油馏分中有 130 个单体烃（含量 100 ng/μL 以下测不出）。

毛细管气相色谱法测定汽油馏分单体烃含量有许多方法，这些方法的原理一致，主要不同点是：固定（相）液不同，色谱条件不同（主要是柱温有恒温和程升）。

上法固定相是异三十烷，它是早期使用的固定相，其极性最低，因此烃类完全是按沸点顺序流出。由于异三十烷使用温度低（不能超过 100℃），易流失，所以后来改用甲基硅铜（国产，便宜）和 OV-101（进口、贵、质量高）。

例如，用 OV-101 石英毛细管柱，柱长 80 m，内径 0.3 mm，程升（30～130℃）速度 1℃/min，载气 N_2，柱前压 182.38 Pa，分流比 300∶1，其他条件同上。分析大港石油初～165℃汽油馏分可定性定量检出 189 种单体烃。

2.直馏汽油单体芳烃组成的测定

直馏汽油中单体芳烃组成的测定，也可采用毛细管气相色谱法。利用芳烃极性强的特性，选用极性很强的固定液，使样品中的非芳烃部分全部在苯峰之前流出，然后芳烃进入分析柱使其中各个组分逐一分离。图 1-33 是单体芳烃组成测定流程图，其中切割柱长为 2 cm，内径为 4 mm 的不锈钢填充柱，固定液为 N,N′-双（氰乙基）甲酰基胺，担体为 6201，柱温为 120℃。分析柱为长 98 m，内径 0.25 mm 的毛细管柱，固定液为 1,2,3-三（氰乙氧基）丙烷，柱温为 90℃。测定时将六通阀置于进样位置 I，从进样口注入加有内标的试样，试样经六通阀进入切割柱，非芳烃先流出由阻尼管放空。然后在苯峰流出之前，切换六通阀到 II 位置，使保留在切割柱中的芳烃及内标物（丙酸乙酯）反冲进入分析柱，得到担体芳烃的色谱图。有人用上述方法对初馏～200℃的直馏汽油进行测定，已分离出 65 个芳烃组分。

3.催化裂化汽油单体烃组成的测定

二次加工汽油馏分含有烯烃和二烯烃等多种同分异构体，结构更为复杂，所以分离鉴定要比直馏汽油困难得多。由于研究催化裂化等加工工艺的需要，国内外对催化裂化汽油、热裂化汽油的分离与鉴定，都做了不少工作。例如，有人曾对大庆催化裂化 60～175℃汽油馏分的单体烃进行了分离鉴定。采用经氯化氢处理的异三十烷玻璃毛细管柱，柱长 100 m，内径 0.33 mm，柱温为恒温 51℃、60℃、76℃，氢火焰检测器。以保留指数为主要依据，辅之以纯物质、芳烃加氢、不同物质的 dl/dt 规律、沸点与峰序规律等方法定性。峰面积归一法定量。方法对 C_{10} 以前的 307 个峰包括可能有的 394 个组分进行了定性鉴定，其中有 45 个组分（占总组分 11%，占总质量 3.99%）尚待定性。测定一个试样需要 245 min。

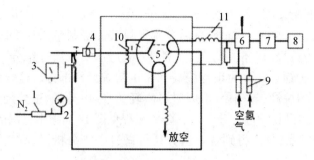

图1-33 单体芳烃组成测定流程图

1-干燥管;2-柱前压力表;3-流量计;4-进样器;5-六通阀;6-检测器;
7-放大器;8-记录器;9-干燥管;10-切割柱;11-分析柱

二、煤、柴油馏分组成的测定

对于煤、柴油馏分(200~350℃含C_{11}~C_{20}各种烃类,又称中间馏分)组成的测定,与汽油馏分相比,由于沸程升高,分子质量增大,组成更为复杂,测定单体烃组成很困难,目前只能测定族组成和结构族组成。

(一)煤、柴油馏分族组成的测定

1.煤、柴油馏分族组成表示方法

直馏煤、柴油馏分的族组成通常用饱和烃和芳香烃的百分含量表示,对于二次加工油品,增加一项烯烃含量,若需更细致地分类,则饱和烃可分为正构烷烃和非正构烷烃(异构烷烃+环烷烃),芳香烃分为单环芳烃、双环芳烃和多环芳烃。采用质谱法分析还可以把饱和烃分成烷烃、单环环烷、双环烷烃、三环烷烃,芳烃也可分为单环、双环、多环芳烃等组分。

煤、柴油馏分族组成 {
　饱和烃 {
　　正构烷烃
　　异构烷烃 + 环烷烃
　}
　烯烃
　(含二次加工油) 芳烃 {
　　轻芳烃(单环芳烃)
　　中芳烃(双环芳烃)
　　重芳烃(三环以上芳烃)
　}
}

2.测定方法

(1)荧光色层法。用于汽油馏分的荧光色层法测定族组成亦可用于煤油、轻柴油族组成的测定,操作条件基本相同,不同之处在于吸附剂,测柴油时,粗孔硅胶与细孔硅胶的体积比为1∶4。

（2）液固吸附色谱–脲素法（或称分子筛法）。该方法是先用实沸点蒸馏装置把试油切割为每50℃窄馏分,然后分别通过液固吸附色谱柱把试油分离为饱和烃、单环（轻）芳烃、双环（中）芳烃、多环（重）芳烃、胶质等组分。再用脲素法（或分子筛法）把饱和烃分为正构烷烃和非正构烷烃两部分。这样就把煤、柴油馏分分离为正构烷烃、异构烷烃和环烷烃、轻芳烃、中芳烃、重芳烃、胶质等六个组分并且同时测得其质量百分含量。分离流程见图1-34。本方法的特点是可以处理较大量的样品,分离得到各个组分还可做进一步分析,但测定时间较长,现将各操作方法分述于后。

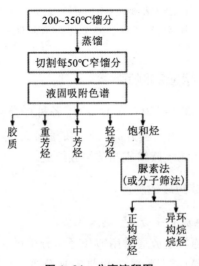

图1-34 分离流程图

液固吸附色谱法使用的吸附管为玻璃制品,内径20 mm,长1.2 m,上端有容量为250 mL的进料段,下端柱细并带活塞以便调节流速。吸附剂用40~100目细孔硅胶,用量按吸附剂与油样质量比10∶1称取。在使用前于150℃活化5 h后,装入吸附柱中。测定时,称取定量试油（约20 g）用60~80℃脱芳烃石油醚稀释后,按规定于吸附柱上端加入吸附柱内,然后依次加入不同的洗脱剂。洗脱剂加入的顺序为,石油醚、5%苯+95%石油醚、10%苯+90%石油醚、15%苯+85%石油醚、25%苯+75%石油醚、苯+乙醇（1∶1）、乙醇、蒸馏水（均用脱芳烃石油醚）。

试样中各族烃类依据其对硅胶吸附能力强弱不同,在不同的洗脱剂冲洗下,依次分为饱和烃、轻芳烃、中芳烃、重芳烃、胶质等组分。在吸附柱下用量筒收集流出物,最初流出的100 mL是石油醚,以后每20 mL作为一个组分,收集于已恒重的三角瓶中并编号。将各组分分别在水浴上蒸出大部分溶剂,再放入真空烘箱中除去残余溶剂,烘至恒重,求得每个组分的质量,并用阿贝折光仪测定折射率。最后按表 1-25 中所列折射率范围将相同组分合并,计算各族烃的百分含量。

在此测定条件下,由于噻吩类含硫化合物在硅胶表面上的吸附能力与芳烃相近,致使测定产生误差。

表 1-25 各类烃的切割点

烃类流出顺序	折射率,η_0^{20}	烃类流出顺序	折射率,η_0^{20}
(1)饱和烃	<1.49	(4)重芳烃	>1.59
(2)轻芳烃	1.49~1.53	(5)胶质	由于颜色太深,测不出折射率,从苯-乙醇冲洗开始计算胶质
(3)中芳烃	1.53~1.59		

(3)尿素络合法测定正构烷烃含量。1940 年德国本根发现六个碳以上的正构烷烃可以和尿素生成结晶络合物,而其他烃类则不能,从此奠定了正构烷烃与其他饱和烃分离的基础。X 射线结构分析证明,尿素在络合反应过程中,由于分子间的氢键作用:

$$NH_2-\underset{\underset{NH_2}{|}}{C}=O \ --- \ H-\underset{\underset{H}{|}}{N}-\underset{\underset{O}{||}}{C}-NH_2$$

使尿素分子沿螺旋形排布在正六角柱的边缘上,形成方晶系结构,见图1-35。

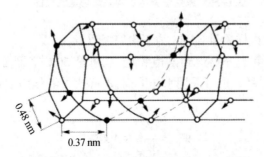

图 1-35 尿素络合物的六方晶系结构
空心圆表示尿素分子中的氧原子;实心圆表示基本单元中的六个氧原子

螺旋圈是由六个尿素分子组成的一个基本单元晶格,螺旋圈彼此平行,圈距 3.7A。这使尿素分子排列成一个正六面体通道,其有效直径为 0.49 nm,而正构烷烃分子截面直径的变化范围是 0.38~0.42 nm,故可以顺利进入通道中;并且由于范德华引力作用能保留在通道中,而异构烷烃分子截面直径大于 5.6A;环烷烃、芳烃分子直径在 6A 以上;故此它们都不能与尿素形成络合物。但是,假如异构烷烃分子中有九个碳以上的直链(如 2-甲基十一烷);环烷烃分子中有 C_{18} 以上的链状侧链;则由于它们的链状结构部分亦可与尿素形成络合物,测定将引起误差。因此,用尿素络合物法测定正构烷烃含量只适用于小于350℃的石油馏分,当沸点更高时,具有混合结构的烃类开始占优势,分离过程选择性降低,定量结果不佳。尿素络合法测定正构烷烃含量的步骤见图1-36。按下式计算正构烷烃和非正构烷烃质量百分含量:

$$W_正 = \frac{W_1}{W_样} \times 100\% \qquad\qquad (1-44)$$

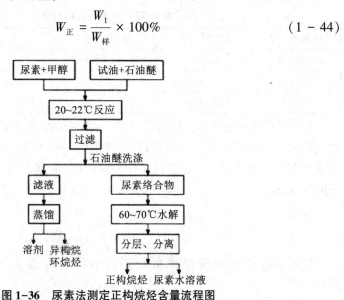

图1-36　尿素法测定正构烷烃含量流程图

式中,$W_样$为所称取试样质量,g;W_1为正构烷烃质量,g。

试样既可是柱色谱分离得到的饱和烃,也可是50℃窄馏分原样,也可是煤油、轻柴油宽馏分样品。也可采用水作溶剂,乙醇或丙醇作为活化剂来测定正构烷烃的含量。

$$W_正 = \frac{W_2}{W_样} \times 100\% \qquad\qquad (1-45)$$

式中,$W_样$为所称取试样质量,g;W_2为非正构烷烃质量,g。

正构烷烃与尿素的络合物属于非化学计量的化合物,在络合物中各组分之间的摩尔比不是整数。一般采用的经验数据为3.3 g尿素/g正构烷烃。为加速络合物生成,通常加入极性有机溶剂(甲醇或乙醇)作为活性剂。活性剂能有效地溶解络合反应的抑制剂。存在于油中的抑制剂一般是芳香烃和含硫化合物。活化剂可以阻止它们吸附在尿素结晶上。此外,活化剂也溶解部分尿素,使尿素与正构烷烃的反应处于均相介质中加速进行。加入石油醚作为溶剂,是为了降低黏度,使反应物紧密接触,反应易于进行。

实验室用的反应器见图1-37。反应一般在室温下进行。反应最佳温度为

20~22℃,反应时间约 2 h。生成的络合物可过滤分离,得到络合物用石油醚洗涤、滤干,再用 60~70℃ 热水水解。正构烷烃析出,尿素溶于水中,分层分离,取上层烃液蒸去石油醚,称重,是为正构烷烃质量。滤液用蒸馏水洗涤后,蒸去溶剂。称重,得非正构烷烃质量。最后分别计算正构烷烃和非正构烷烃的百分含量。

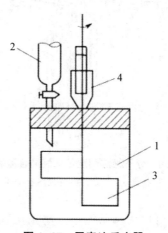

图 1-37　尿素法反应器
1-反应瓶;2-分液漏斗;3-搅拌器;4-密封装置

尿素络合法测定法要考虑以下注意事项。

①乳化:水解络合物时要防止正构烷烃乳化。所以水解时要慢慢一滴一滴加入水,或先用室温水润湿络合物,再滴加 60~70℃ 热水,这样不但可以防止乳化,还可加快水解反应。

②防止甲醇中毒:因甲醇对人神经有刺激,能减退记忆力,所以操作时要采取防护措施。为消除甲醇对人体的危害,可用乙醇、异丙醇等来代替甲醇,并用水代替石油醚作为溶剂(节省石油醚,把尿素溶于 50℃ 水中,再分段降温至 0℃,这样络合效果好(质量百分含量收率高)但搅拌要快些。因水、油互不溶,搅拌可使反应物分散均匀,络合完全。

(4)分子筛法测定正构烷烃含量。该方法是利用 5A 分子筛对正构烷烃的选择性吸附,使正构烷烃和非正构烷烃定量分离。仪器装置见图 1-38。

将试油用注射器注入装有一定量已活化的 5A 分子筛吸附柱中,在略高于试油终馏点的温度下,用氢气流将非正构烷烃脱附,定量收集脱附的非正构烷烃,称重,用减差法即可求得正构烷烃含量。或者直接称量吸附有正构烷烃的分子筛,由其增重计算正构烷烃含量。按下式计算正构烷烃含量:

$$W_n = 100 - \frac{W_4 - W_2}{W_1 - W_3} \times 100\% = 100 - \frac{W_{非正构烷}}{W_{样}} \times 100\% \qquad (1-46)$$

式中,W_1 为注射器+油重,g;W_2 为收集器重,g;W_3 为进样后注射器+油重,g;W_4 为收集器+非正构烷烃重,g。

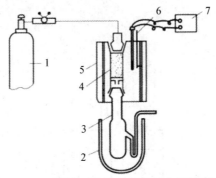

图 1-38　分子筛法测定正构烷烃含量装置图
1-氢气瓶;2-保温瓶;3-收集瓶;4-吸附柱;5-加热炉;6-温度计;7-温度控制器

尿素法和分子筛法均可作为从试油中分离正构烷烃的手段,但用尿素法定量获取正构烷烃是办不到的。若要取得非正构烷烃作为色谱用标样,通常把两种方法联合使用,即对试油先进行尿素脱蜡后,再用分子筛法吸附正构烷烃,便可以得到色谱用的非正构烷烃。

如果不需要得到分离后的组分,可以用气相色谱法测定煤油馏分中正构烷烃的含量。当试样进入 5A 分子筛色谱柱后,正构烷烃被吸附,非正构烷烃作为色谱峰流出,用外标法定量。标样是色谱纯的正构烷烃($C_9 \sim C_{15}$)加入一定量的非正构烷烃配制而成。非正构烷烃是由试样经多次脱蜡(尿素法与分子筛法)取得的。尿素法与分子筛法比较见表 1-26。

表 1-26　尿素法与分子筛法比较

尿素法	分子筛法
操作复杂,费时(8 h)	操作简单,分析时间短
样品用量大,甲醇对人体有害	样品用量少(可用柱色谱得到的饱和烃进样),但仪器较复杂
正构烷烃与非正构烷烃分开,并能得到纯正构烷烃和纯非正构烷烃	正构烷烃与非正构烷烃能分开,但得不到纯正构烷烃

(5)质谱法。对大于200℃的石油馏分的烃类族组成分析,因其异构体增多,烃类结构复杂,沸程增高,用气相色谱法测定很困难,而由于质谱法本身的特点,使它成为中间及重质石油馏分烃族组成分析中的一个重要的手段。

质谱法测定石油馏分烃族组成的基本原理已如前述。对于中间馏分,为了避免各烃类型间碎片离子相互干扰,在进行质谱分析前,需要用液固吸附色谱法(硅胶为吸附剂)将油样分为芳烃和饱和烃两部分,再分别用质谱法进行分析。对中间馏分油采用质谱法可以得出烷烃、单环环烃、三环环烃、烷基苯类、茚满或四氢萘类、茚类、萘、烷基萘、苊类、苊烯类及三环芳烃等共 12 个烃类组成的含量。表 1-27 就是大庆石油煤柴油馏分烃类组成的数据(质谱法)。

表 1-27　煤柴油馏分烃类组成数据(质谱法)

烃类组成 (烃类质量分数)/%	沸点范围 200~250℃	沸点范围 250~300℃	沸点范围 300~350℃	沸点范围 145~360℃
链烷烃	55.7	62.0	64.5	59.1
正构烷烃(质谱法)	32.6	40.2	45.1	
异构烷烃	23.1	21.8	19.4	
总环烷烃	36.6	27.6	25.6	28.6
一环环烷	25.6	18.2	17.1	18.3
二环环烷	9.7	6.9	5.7	7.7
三环环烷	1.3	2.5	2.8	2.6
总芳香烃	7.7	10.4	9.9	12.3
总单环芳烃	5.2	6.6	6.8	8.2
烷基苯	2.6	2.8	3.4	4.7
茚满或四氢萘类	2.1	2.2	1.9	2.4
茚类	0.5	1.6	1.5	1.1
总双环芳烃	2.5	3.6	2.5	3.8
萘	0.2	0	0	
萘类	2.3	2.9	1.3	3.1
苊类		0.4	0.4	0.4
苊烯类		0.3	0.3	0.3
三环芳烃		0.2	0.6	0.3
总计	100	100	100	100

(6)高效液相色谱法。采用经典的液固吸附色谱法测定烃族组成的缺点是填充柱阻力大;液相传质速度慢;分析时间长;吸附柱效低;又缺少完备的检测手段。所以近年来在吸附色谱的基础上,又发展了高效液相色谱。下面是采用高效液相色谱测定中间馏分烃族组成的例子。

【例 1-4】图 1-39 是对 190~360℃馏分油进行族组成测定的色谱图。采用 10 μm 的无定形硅胶 Lichrosorb 柱,以无水己烷为流动相,用示差析光检测器,可将该馏分油分离为饱和烃、烯烃和芳香烃。芳烃是用反冲方法得到的,如固定相改为 γ-氧化铝,则芳烃可按环数分离,见图 1-40。

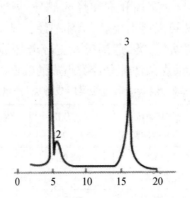

图 1-39　190~360℃馏分油色谱图
1-饱和烃;2-单烯;3-芳烃

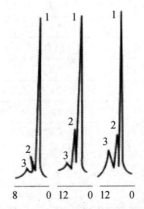

图 1-40　中间馏分油色谱图
1-饱和烃;2-单环芳烃;3-双环芳烃

【例 1-5】图 1-41 为柴油馏分烃族组成测定色谱图,采用 YWG 硅胶柱和 YWG-NH₂ 氨基柱串联,以己烷作为流动相,用示差析光检测器可将柴油馏分分离为饱和烃、单环芳烃、双环芳烃、多环芳烃等组成。

(二)煤、柴油馏分结构族组成的测定($\eta-d-M$ 法)

1. 结构族组成的表示方法(六参数法)
由于族组成表示方法对某些复杂分子的烃类化合物无法表示。例如对

$\text{C}_{10}\text{H}_{12}$ 这样的复杂化合物分子,就很难用族组成的表示方法来说明它究竟是芳烃族、环烷烃族,还是烷烃族,所以为准确表示这类复杂物的组成情况,故采用结构族组成表示方法。

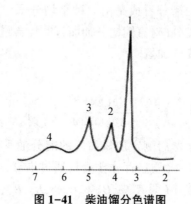

图 1-41　柴油馏分色谱图

1-饱和烃;2-单环芳烃;3-双环芳烃;4-多环芳烃

对于上例复杂分子,我们可以认为此种分子是由芳香环、环烷环、烷基侧链这三种基本结构单元组成,那么这三种结构单元在分子中所占的百分数可用下列三个参数来表示:

芳碳率 $C_A\% = C_A/C_T \times 100\%$,对例 1-5 $C_A\% = 6/20 \times 100\% = 30$

环烷碳率 $C_N\% = C_N/C_T \times 100\%$,对例 1-5 $C_N\% = 4/20 \times 100\% = 20$

烷基碳率 $C_N\% = C_N/C_T \times 100\%$,对例 1-5 $C_P\% = 10/20 \times 100\% = 50$

环碳率 $C_R\% = C_R/C_T \times 100\%$,对例 1-5 $C_R\% = 10/20 \times 100\% = 50$

$C_A\% + C_N\% = C_R\%$,$C_A\% + C_N\% + C_P\% = 100\%$

三者之和为 100%。除这三个参数之外,为了表示分子中含有多少个环 (R_T),多少个芳环(R_A),多少个环烷环(R_N)还要加上下列三个参数:

R_T:分子中总环数,$R_T = 2$

R_A:分子中芳香环数,$R_A = 1$

R_N:分子中环烷环数,$R_N = 1$

用这六个参数便可以描述这类复杂分子结构族组成情况,此即为结构族组成表示法。对与石油馏分(复杂)亦可用结构族组成来表示其组成情况,但要注意一点:就是用上述六个参数来表示石油馏分的结构族组成时,要把整个石油馏分当作一种平均分子所组成的物质。此时 C_A、C_N、C_P、R_T,R_A、R_N 都是对平均分子而言的。并且环数不一定是整数,很可能带有小数。一般中间馏分油以上的馏分油用结构族组成这种表示方法。

测定石油馏分的结构族组成方法有直接法和统计图解法($n\text{-}d\text{-}M$,$n\text{-}d\text{-}v$,$n\text{-}$

$d-A$)。

2.结构族组成的测定方法

(1)直接法。

①方法原理。把石油馏分看成是由一种平均分子组成的,测定时设定选用不含烯烃和非烃的石油馏分(对直馏馏分油而言非烃含量忽略不计)。用化学法对该馏分中的芳烃进行完全加氢。

所有芳烃为

即所有芳环变为环烷环。然后测定加氢前后的馏分油平均分子质量 M、M' 及元素组成 $C\%$、$C'\%$、$H\%$、$H'\%$(质量百分含量),通过推算,从而确定相当于该馏分的平均分子的结构族组成。(即 $C_A\%$、$C_N\%$、$C_P\%$、R_T,R_A、R_N)。

②推算过程。设馏分油加氢前平均分子式 C_nH_m,加氢后平均分子式为 $C_nH_{m'}$

分子式中,n 为平均分子中总 C 原子数;m 为加氢前平均分子中总 H 原子数;m' 为加氢后平均分子中总 H 原子数。

设有 1 mol 馏分油,则

加氢前氢原子数:

$$m = \frac{M \cdot \dfrac{H}{100}}{1.008} \qquad (1-47)$$

加氢后氢原子数:

$$m' = \frac{M \cdot \dfrac{H'}{100}}{1.008} \qquad (1-48)$$

平均分子中总碳原子数:

$$n = \frac{M \cdot \dfrac{C}{100}}{12.01} = \frac{M(1-\dfrac{H}{100})}{12.01} = \frac{M'(1-\dfrac{H'}{100})}{12.01} \qquad (1-49)$$

由于在加氢过程中,芳环上的每个碳原子正好加上一个氢原子。如,共加上 10 个氢原子,那么 1 mol 馏分油加氢前后

氢原子数的变化($m'-m$),可知原馏分油中芳环上的碳原子数是多少个,即

芳环上碳数 $C_A = (m'-m)$

所以

$$C_A\% = \frac{C_A}{C_T} \times 100 = \frac{m' - m}{n} \times 100 \qquad (1-50)$$

把式(1-47)、式(1-48)、式(1-49)代入式(1-50)得

$$C_A\% = \frac{M'H' - MH}{M(100 - H)} \times \frac{12.01}{1.008} \times 100 \qquad (1-51)$$

由凝点下降法或蒸气压渗透法测得加氢前后馏分油的平均 M 和 M',并由元素分析测得加氢前后 $H\%$、$H'\%$,便可计算 $C_A\%$(芳碳率)。

加氢后的馏分油除烷烃外,便是环烷烃。假设馏分油中都是烷烃,则平均分子(C_nH_m')中氢原子数 $m' = 2n+2$。

如果加氢后平均分子中只含有一个环烷环,那么平均分子中氢原子数 $m' = 2n+2-2$;含两个环烷环 $m' = 2m+2-4$,即多一个环烷环少两个氢。设加氢后平均分子中含 R_T 个环烷环,则 $m' = 2n+2-2R_T$,所以平均分子中总环数为

$$R_T = \frac{2n + 2 - m'}{2} = 1 + n - \frac{m'}{2} \qquad (1-52)$$

加氢后平均分子质量为 M',氢原子百分数为 H',把式(1-49)、式(1-50)代入式(1-53)中整理后得:

$$R_T = 1 + 0.005\,793M'(14.37 - H') \qquad (1-53)$$

假定平均分子中所有环都是六元环,且都是稠环,则第一个环上有 6 个碳原子,以后每增加一个环则增加 4 个碳原子,故环上总碳数 C_R 为 $C_R = 6+4(R_T-1) = 4R_T+2$,所以环上碳数占分子中总碳数的百分数为

$$C_R\% = \frac{C_R}{C_T} \times 100 = \frac{4R_T + 2}{n} \times 100 \qquad (1-54)$$

而 $C_R\% = C_A\% + C_N\%$,所以环烷环上碳数占分子中总碳数百分数为

$$C_N\% = C_R\% - C_A\% \qquad (1-55)$$

烷基侧链上碳数占平均分子中总碳数百分数为

$$C_P\% = 100\% - C_R\% \qquad (1-56)$$

假设加氢前馏分油平均分子中的芳环也都是稠环,并设馏分油的平均分子中含 R_A 个芳环,同理可得芳环上的碳数($C_R = 6+4(R_A-1) = 4R_A+2$),所以

$$C_A\% = \frac{4R_A + 2}{n} \times 100 = \frac{m' - m}{n} \times 100 \qquad (1-57)$$

整理后可得平均分子中芳环数:

$$R_A = \frac{m' - m - 2}{4} \qquad (1-58)$$

又因为 $R_T = R_A + R_N$,所以

$$R_N = R_T - R_A \qquad (1-59)$$

这样六个结构族组成参数便都可以确定出来。

直接法测定中间馏分油结构族组成较准确,但操作条件苛刻(高温、高压、加氢)、费时。并且要求加氢时不发生裂解副反应,这点很难办到,所以便会产生误差,再加上假设所测试油不含烯烃和非烃也会带来误差,所以人们便研制出简单可行的方法——统计图解法(n-d-M,n-d-v,n-d-A)测定结构族组成,下面以 n-d-M 法为例来介绍统计图解法。

(2)n-d-M 法(统计图解法)。

对结构族组成这六个参数,经荷兰瓦特曼学派研究发现,石油馏分的某些物理常数如 d_4^{20}、n_D^{20}(或 n_D^{70})与烃类分子结构间有着某种规律性:在各族烃类中,当碳数相同时,各族烃类的 d_4^{20}、n_D^{20} 按下列顺序依次减小。

碳数相同时,次序是苯系(带正烷基侧链 n-R),环己烷系(带 n-R 侧链),环戊烷系(带 n-R 侧链),正构 α-烯烃,正构烷烃,异构烷烃。

即碳数相同时,各族烃类中,芳烃 d_4^{20}、n_D^{20} 最大,烷烃最小,环烷烃介于二者之间,并且斯米吞堡还发现:当以各族烃类化合物的与碳原子的倒数 $1/C$ 作图时,可得近似的直线,当用 $1/(C+Z)$-d_4^{20} 作图时,便得到直线(Z 对同族烃类是常数,数值很小),而且各族烃类的直线汇聚于一点,如图 1-42 所示。交点对映于 d_4^{20} = 0.8513(即 $1/(C+Z) \to 0$,即 $C \to \infty$ 时)。

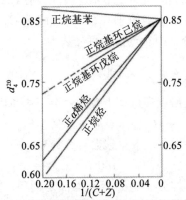

图 1-42 烃类碳原子倒数与相对密度的关系

同理,若以 d_4^{20} 与 $1/(M+m)$ 作图也可得到直线,并各族烃类直线的交点也汇聚于 d_4^{20} = 0.8513 处,这说明任何烃类,只要其中烷基或烷基侧链上的碳数无限多时或分子量无限大时,它的比重都为 0.851 3,这是因为碳链无限长时,在碳链一端有个芳环、环烷换或双键对于分子的性质(理化性质 d_4^{20}、n_D^{20})影响是很小的。

上述两组直线图可用代式式表示为

$$d_4^{20} = 0.8513 - K/(C + Z) \tag{1-60}$$

$$d_4^{20} = 0.8513 - h/(M + m) \tag{1-61}$$

同理，如以 n_D^{20} 为纵坐标，以 $1/(C+Z')$ 为横坐标或 $1/(M+m')$ 为横坐标作图也可得到类似的图，见图1-42（各族烃类都汇聚于 n_D^{20} 为1.4750这点），直线方程如下：

$$n_D^{20} = 1.4750 - K'/(C + Z') \tag{1-62}$$

$$n_D^{20} = 1.4750 - h'/(M + m') \tag{1-63}$$

式（1-60）、式（1-61）、式（1-62）和式（1-63）中 K、h、Z、m、K'、H'、Z'、m' 为直线方程的常数，可由表1-28查到；M 和 C 指原子数。

这四个式子被称斯米吞堡公式，对 >200℃ 馏分油来说均很大，故可忽略 Z、Z'、m、m'，移项后斯米吞堡公式可改写为

$$\Delta d = d_4^{20} - 0.8513 = -K/C \tag{1-64}$$

$$\Delta n = n_D^{20} - 1.4750 = -K'/C \tag{1-65}$$

$$\Delta d = d_4^{20} - 0.8513 = -h/C \tag{1-66}$$

$$\Delta n = n_D^{20} - 1.4750 = -h'/M \tag{1-67}$$

对石油馏分来说，由于 d_4^{20}、n_D^{20} 都具有可加性，并且馏分油主要由烷烃、环烷烃和芳烃组成，所以 $\Delta d - 1/C$，$\Delta n - 1/C$ 可有：

$$\Delta d = \Delta d_A + \Delta d_N + \Delta d_P = -K_A/C_A - K_N/C_N - K_P/C_P \tag{1-68}$$

$$\Delta n = \Delta n_A + \Delta n_N + \Delta n_P = -K'_A/C_A - K'_N/C_N - K'_P/C_P \tag{1-69}$$

同理，对 $\Delta d - 1/M$，$\Delta n - 1/M$ 也可得到类似关系

$$\Delta d = \Delta d_A + \Delta d_N + \Delta d_P = -h_A/M_A - h_N/M_N - h_P/M_P \tag{1-70}$$

$$\Delta n = \Delta n_A + \Delta n_N + \Delta n_P = -h'_A/M_A - h'_N/M_N - h'_P/M_P \tag{1-71}$$

式（1-69）、式（1-70）、式（1-71）、式（1-72）中 Δd，$\Delta n - C_A$、C_N、C_P 和 M 互为函数关系，所以有：$\Delta d = f(C_A, C_A, M)$，$\Delta n = f'(C_A, C_N, M)$ 或 $C_A = \phi(\Delta d, \Delta n, M)$，$C_N = \phi'(\Delta d, \Delta n, M)$，所以，对平均分子的 C 原子百分数其通式为：

$$C\% = a\Delta d + b\Delta n + c/M \tag{1-72}$$

同理对平均分子的环数可得通式：

$$R = a_1 M\Delta d + b_1 M\Delta n + c_1 \tag{1-73}$$

式中，$C\%$ 表示芳环、环烷环或环上总碳数占分子中总碳数的百分数；R 表示芳环数、环烷环数、总环数；M 为平均分子质量；$\Delta d = d_4^{20} - 0.8513$；$\Delta n = n_D^{20} - 1.4750$。$a$、$b$、$c$ 和 a_1、b_2、c_1 均为常数利用式（1-73）、式（1-74），Van-Nes 和 Van-Westen 经大量实验数据处理，确定了式（1-72）、式（1-73）中的常数，并推导出了一系列推算石油馏分结构族组成的经验公式，这些公式按测定比重 d、折射率 n 时的温度不同分为 20℃ 和 70℃ 两组。由这些经验公式可计算结构族组成六个结构参数。但计算麻烦，实际应用时也可根据 d_4^{20}，n_D^{20}，M 与这六个参数的关系所对映经

石油及其产品检验检测技术

验公式制成列线图,列线图也分为 20℃ 和 70℃ 两组,每组包括求定 C_A、C_R、R_A、R_T 四张图,两组共八张图,使用时只要测定石油馏分的 d_4^{20}、n_D^{20}(或 d_4^{70}、n_D^{70})和 M 便可从列线图上查出这六个参数,所以这种方法叫 n–d–M 法。

查法:以 20℃ 一组为例,首先查 $C_A\%$,再由 $C_R\%$ 图查得 C_R,再由 R_A 图查 R_A,由 R_T 图查 R_T 由于 $R_T = R_A + R_N$,所以 $R_N = R_T - R_A$。

对高沸点馏分油,由于在 20℃ 时凝固,就无法测量 d_4^{20}、n_D^{20},故需在 70℃ 时测得 d_4^{70}、n_D^{70},由 70℃ 时的四张图查得高凝点馏分油的这六个参数,查法同上。

由于 n–d–M 法中分子质量测定比较麻烦,并且以前 M 测定用凝点下降法,该法对高馏分油难以准确测定分子质量,故有人提出 n–d–v 法或 n–d–A 法测结构族组成,即测出 n、d、v 或 A(苯胺点)制得类似于 n–d–M 法的列线图,也可查得这六个参数。

注意:n–d–M 法求这六个参数应用列线图时,要注意下列几点(即满足下列几点):

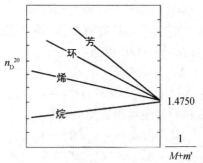

图 1-43　烃类碳原子倒数与折射率的关系

①对平均分子而言 $\overline{M} > 200$(即大于 200℃ 直馏馏分油,并馏分油不含烯烃);

②平均分子中总环数 R_T 不大于 4,R_A 不大于 2,$C_R\%$ 不大于 75%,C_A/C_N 不大于 1.5;

③含 S 不大于 2%,含 N 不大于 2%,含 O 不大于 0.5%。

n–d–M 法只适用于 200~500℃ 的直馏馏分,因为直馏馏分不含烯烃、非烃含量少。

上述要求是因为在取原始数据时,所用的馏分油组成含量在这个范围内,一般对中间馏分油、润滑油馏分油均能满足这些要求,对高含芳烃、高含 S 馏分油应采用补正值(或经验公式)来补正。

表 1-28 是大庆 200~500℃ 馏分油的结构族组成数据。

表 1-28 斯米吞堡公式中的常数值

烃类	K	z	h	m	K'	z'	h'	m'
正构烷	1.310 0	0.82	18.374	9.5	0.683 8	0.22	905 91	9.5
正 α-烯烃	1.146 5	0.44	16.081	6.2	0.561 0	0.44	7.862	6.2
正烷基环戊烷	0.598 4	0	8.393	0	0.392 0	0	5.498	0
正烷基环己烷	0.524 8	0	7.361	0	0.343 8	0	4.822	0
正烷基苯	−0.053 5	−0.40	−0.750	−50.1	−0.112 5	−2.3	−1.578	−26.2

表 1-29 大庆石油 200~500℃馏分的结构族组成

沸点分范围/℃	200~250	250~300	300~350	350~400	400~450	450~500
密度/(g·cm^{-3})20℃	0.803 9	0.816 7	0.828 2	—	—	—
70℃	—	—	—	0.803 6	0.825 4	0.841 2
折射率 n_4^{20}	1.448 4	14.561	1.462 7	—	—	—
折射率 n_4^{70}	—	—	—	1.449 3	1.459 8	1.468 0
分子质量	193	240	270	323	392	461
C_P%	69.5	73.0	73.5	79.5	73.0	71.5
C_N%	24.5	20.0	17.0	10.0	13.5	17.0
结构族组成 C_A%	6.0	7.0	9.5	10.5	13.5	11.5
R_A	0.10	0.15	0.20	0.30	0.40	0.55
R_N	0.70	0.65	0.80	0.60	1.10	1.35

三、石油馏分和蜡中单体正构烷烃组成的测定

我国石油含蜡较多,馏分油中正构烷烃的分布和含硫,直接影响石油产品的质量。例如喷气燃料的结晶点、柴油和润滑油的凝点等,都与正构烷烃的组成和含量有关;软蜡可降解生成烯烃作为合成润滑油和合成洗涤剂等的化工原料,其正构烷烃分布和含量直接影响裂解产品的质量。石蜡的组成和使用性能也取决于正构烷烃的分布和含量。因此,建立石油馏分和蜡中单体正构烷烃组成的测定方法,很有必要。目前我国已建立了气相色谱法测定石蜡中正构烷烃碳数分布的标准方法和毛细管色谱法测定初馏~500℃中 $C_3 \sim C_{41}$ 各正构烷烃含量的方法。

(一)气相色谱法测定液体石蜡的碳数分布

本方法可测定液体石蜡中各种正构烷烃($C_8 \sim C_{20}$)的含量,该法采用的是填充柱 $h = 2.0$ m,$\phi_{内} = 3 \sim 4$ mm,不锈钢柱,色谱条件见表1-30,采用程序升温,样品的分离是按碳数由小到大顺序出峰知,用色谱纯标样定性,再按式(1-74)求正构烷烃含量:

$$P_i\% = \frac{100 \cdot A_i}{\sum\limits_{i=1}^{n} A_i} \times f \qquad (1-74)$$

式中,$p_i\%$为i组分正构烷烃的质量分数;A_i为i组分正构烷烃峰面积;$\sum\limits_{i=1}^{n} A_i$为正构烷烃峰面积之和;$f$为总正构烷烃质量分数,用 SY 2858—82 方法测定。

$$f = \frac{\sum\limits_{i=1}^{n} A_{i正构烷}}{\sum\limits_{j=1}^{n} A_j} (液蜡中除含正构烷烃外还含有异构烷烃)$$

$$A_i\% = \frac{100 \cdot A_i}{\sum A} \times f \qquad (1-75)$$

式中,$A_i\%$为i组分质量分数;A_i为i组分峰面积;ΣA为正构烷烃峰面积之和;f为总正构烷烃质量分数。

表 1–30　色谱操作条件

项目	性质	项目	性质
色谱柱	长 2 m,内径 3～4 mm	程升速度/(℃ · min^{-1})	10～13
固定相	阿皮松 L	汽化温度/℃	270～280
担体	101 白色担体	载气(H$_2$)/(mL · min^{-1})	70～80
检测器	氢焰	空气/(mL · min^{-1})	350～450
检测器温度/℃	280	进样量/μL	0.03～0.12
柱温	70～260		

(二)气相色谱法测定石蜡的碳数分布

已有标准方法(ZBE 42003—87)适用于含正构烷烃碳数在 C_{18}～C_{44} 范围内的石蜡产品碳数分布的测定。方法是把石蜡试样溶解在异辛烷中,进样后,程序升温,试样组分按碳数顺序出峰。加入色谱纯正构烷烃定性,面积归一化法定量。色谱测定条件见表 1-31。

表1-31 ZBE 42003—87方法色谱操作条件

项目	性质	项目	性质
色谱柱	长2 m,内径3~4 mm	最终温度/℃	280~330
固定相	MS(Silicone high vacuum grease)	升温速度/(℃·min⁻¹)	3~5
担体	101白色担体,40~60目	载气流速(N₂)/(mL·min⁻¹)	18~20
检测器	双氢焰	氢气流速/(mL·min⁻¹)	20~30
检测器温度/℃	360~380	空气流速/(mL·min⁻¹)	350~400
气化室温度/℃	360~380	进样量/μL	0.5~1.0
初始温度/℃	140~160		

(三)毛细管气相色谱法测定石油馏分中单体正构烷烃的组成

该法利用馏分油中正构烷烃含量较多(我国石油特点),而相邻碳数的正构烷烃沸点相差又较大的特点,进行定性定量测定,该法可测定初馏点~500℃馏分油中 C_3~C_{11} 各正构烷烃含量,但正构烷烃含量(单体)<0.1%或正构烷烃总含量低于6%时不适用。除新疆克拉玛依低凝石油含蜡量低(2.04%),用该法测定正构烷烃困难外,几乎所有我国石油的初馏点~500℃馏分油都可用该法测正构烷烃含量。

采用OV-101毛细管柱,柱长30 m,$\phi_{内}$=0.25 mm,进样后程升使正构烷烃与异构体分离,用色谱纯的 C_9~C_{36} 正构烷烃定性,内加法定量。色谱图见图1-44,该图是柴油馏分(<350℃馏分油) C_9~C_{20} 各正构烃峰,再加入内标(纯 C_{12})的试样在相同色谱条件下得一谱图(内标加入量一般为2%~5%)。

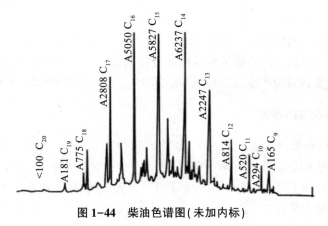

图1-44 柴油色谱图(未加内标)

然后定性:对含正构烷烃较多的试样可将峰值较大的等间隔的色谱峰确定为正构烷烃,再按内标(C_{12})的碳数依次推算出各种正构烷烃的碳数。如果试样中各正构烷烃色谱峰不明显时(即含正构烷烃少时),则需加入各碳数正构烷烃先定出各正构烷烃保留时间。

定量计算

(1)按式(1-76)计算校正的内标峰面积 A_n^0:

$$A_n^0 = A_n - A_n' \cdot \frac{A_{n+1}}{A_{n+1}'} \qquad (1-76)$$

式中,A_n^0 为校正的内标峰面积,即加入的纯 C_{12} 正构烷烃的峰面积,$\mu V \cdot s$;A_n' 为未加内标试样中碳数为 n 的正构烷烃峰面积,$\mu V \cdot s$;A_{n+1}' 为未加内标试样中比内标碳数大1的正构烷烃峰面积(即 C_{13} 正构烷烃峰面积),$\mu V \cdot s$;A_n 为加内标试样中,碳数为 n 的正构烷烃的峰面积,$\mu V \cdot s$,由加内标色谱图求出;A_{n+1} 为加内标试样中,比内标碳数(n)大1的正构烷烃峰面积,$\mu V \cdot s$,由加内标色谱图求出。

(2)按式(1-77)计算试样中正构烷烃含量:

$$P_i = \frac{W_n A_i}{A_n^0 W_{样}} \times 100\% \qquad (1-77)$$

式中,A_n^0 为校正的内标峰面积,$\mu V \cdot s$;W_n 为加入内标的质量,g;A_i 为碳数为 i 的正构烷烃峰面积;W 样为所取试样质量,g;p_i 为碳数为 i 的正构烷烃的质量百分数。

四、减压重油馏分组成的测定

减压重油馏分常指 350～500℃ 的重馏分油,含碳原子数为 $C_{20}～C_{36}$ 常用作为催化裂化原料油或经过脱蜡精制(除 S、N、O)制取润滑油基础油。所以该馏分油也称润滑油馏分。减压重油馏分的组成分析测定,由于该馏分油组成结构复杂,常采用族组成和结构族组成的分析来表示 350～500℃ 馏分油的烃类组成情况。

(一)族组成的测定

1.液固吸附柱色谱法

减压重油馏分的族组成测定仍可采用液固吸附色谱法,将重油馏分分为饱和烃、轻芳烃、中芳烃、重芳烃及胶质等组分。我国大庆石油 350～500℃ 馏分油的烃族组成数据见表1-32。

表 1-32　大庆 350~500℃窄馏分油的烃族组成

沸点范围/℃	烃类质量分数/%							
	饱和烃	轻芳烃 I①	轻芳烃 II①	中芳烃	液体重芳烃①	固体重芳烃	总芳烃	胶质
350~357	73.0	7.8	1.4	6.4	6.5	1.8	23.9	2.2
357~400	74.2	7.4	1.2	7.1	5.8	1.6	23.1	2.3
400~425	70.8	10.1	1.5	7.3	5.3	1.5	25.7	2.7
425~450	69.4	12.2	1.7	6.8	5.2	1.3	27.2	3.2
450~4.75	68.4	11.4	1.3	9.0	5.7		27.4	3.9
475~500	59.3	17.5	1.4	10.7	5.0		34.6	5.9

①$1.49 < n_D^{20} \leq 1.52$ 为轻芳烃 I，$1.520 < n_D^{20} \leq 1.53$ 为轻芳烃 II；$1.53 < n_D^{20} \leq 1.59$ 为中芳烃；②$n_D^{20} > 1.59$ 为重芳烃。

2.质谱法

若需取得按类型、碳数不同的族组成分析数据,可采用质谱法。质谱法测定前同样要用液固吸附色谱法将试样分为饱和烃和芳烃两部分,再分别用质谱法进行测定。表 1-33 是大庆重油馏分用质谱法测定其烃类族组成数据,由此可知:用质谱法可以把 350~500℃馏分油分成烷烃、环烷烃(包括 6 个组分)、芳烃(包括 13 个组分)、噻吩类(包括 3 个组分)等共 23 个烃类和噻吩类的组成数据。

表 1-33　大庆石油重油馏分的烃类组成(质谱法)

沸点范围/℃	350~400	400~450	450~500	350~500
链烷烃	63.1	52.8	44.7	52.0
正构烷烃(色谱法)	22.0	29.1	29.0	26.1
异构烷烃	41.1	23.7	15.7	25.9
总环烷烃	24.8	33.2	39.0	34.6
一环环烷	11.8	13.6	17.4	14.8
二环环烷	6.8	8.4	10.6	9.6
三环环烷	2.6	5.3	7.3	5.5
四环环烷	2.9	3.3	3.1	4.1
五环环烷	0.7	1.8	0.6	0.6
六环环烷	—	0.8	0	0
总芳烃	11.8	13.8	15.9	13.2
总单环芳烃	6.5	7.8	9.0	7.6
烷基苯	3.4	4.1	5.4	4.1
环烷基苯	1.7	2.1	1.9	2.0

沸点范围/℃	350~400	400~450	450~500	350~500
二环烷基苯	1.4	1.6	1.7	1.5
总双环芳烃	3.2	3.3	3.8	3.4
萘类	1.1	1.2	1.3	1.2
苊类、二苯并呋喃	1.0	1.0	1.1	1.0
芴类	1.1	1.1	1.4	1.2
总三环芳烃	1.5	1.4	1.6	1.3
菲类	1.2	0.9	1.0	0.9
环烷菲类	0.3	0.5	0.6	0.4
总四环芳烃	0.5	0.8	0.8	0.6
芘类	0.4	0.5	0.5	0.4
䓛类	0.1	0.3	0.3	0.2
苝类	0	0.1	0.3	0.1
二苯并蒽	0	0	0	0
未鉴定芳烃	0	0.4	0.4	0.2
总噻吩	0.1	0.2	0.4	0.2
苯并噻吩	0.3	0.1	0.2	0.1
二苯并噻吩	0.1	0.1	0.1	0.1
萘苯并噻吩	0.2	0	0.1	0
总计	100	100	100	100

(二)结构族组成分析

润滑油馏分的结构族组成分析也是采用 $n\text{-}d\text{-}M$ 法或 $n\text{-}d\text{-}v$(或 A)法来分析,也可采用计算法和查图法。大港 350~500℃ 馏分油结构族组成见表1-34。

表1-34 大港 350~500℃ 馏分油结构族组成及性质

沸点范围/℃	参数						
	n_D^{70}	$\rho_{70}/(\text{g} \cdot \text{cm}^{-3})$	M	C_P	C_N	C_A	R_N	R_A
350~400	1.470 0	0.842 0	285	5.74	25.58	17.02	1.10	0.570
400~450	1.478 8	0.864 4	361	56.11	30.02	13.87	1.78	0.591
450~500	1.486 3	0.876 5	403	56.5	28.21	15.29	1.94	0.746

由表1-34中的数据可知:大港 350~500℃ 的馏分油中烷烃多,环烷烃、芳烃少。

(三)重馏分油石蜡和润滑油潜含量的测定

目的:为生产石蜡、润滑油提供组成含量及性质数据。

350~500℃润滑油馏分油,首先用减压蒸馏装置把试油切割为25℃或50℃(常用之)窄馏分,再对各窄馏分进行溶剂脱蜡,得到的蜡膏进行溶剂脱油,得石蜡的潜含量;得到的脱蜡油做族组成和结构族组成测定,再用液固柱色谱进行分离,测得润滑油潜含量,最后对石蜡和润滑油进行理化性质测定,为工艺设计提供数据。测定流程如图1-45。

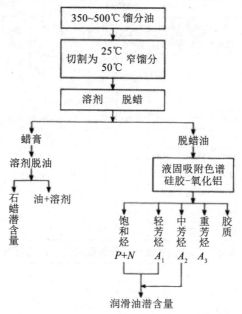

图1-45　石蜡和馏分润滑油潜含量测定流程图

1.石蜡潜含量的测定

(1)溶剂脱蜡。对各窄馏分进行溶剂脱蜡(当然350~500℃馏分油可同时一次脱蜡得石蜡潜含量,但这样得到石蜡潜含量的数据对石蜡的生产没有指导意义;窄馏分脱蜡除可回收率信息外还可得到石蜡熔点等质量信息,这对石蜡生产具有指导意义。)

溶剂:丙酮∶苯∶甲苯=35∶45∶20(体积比),也有用丁酮、苯、甲苯作为脱蜡溶剂的。称取50~60 g油样于锥形瓶中,按试样∶溶剂=1∶3(体积比)加入脱蜡溶剂,温热溶解后冷至室温,再放到-30℃冷浴中,冷冻30 min待蜡结晶析出后,于-30℃下减压过滤,用溶剂(-30℃)洗净滤干,然后将蜡膏和脱蜡油分别蒸去溶剂,恒重,分别得到脱蜡油和蜡膏收率,测定脱蜡油的理化性质。测定数据

表 1-35。

（2）溶剂脱蜡。

由于蜡膏中含有一定数量的油，故需脱油才能得到石蜡潜含量。脱油溶剂丁酮：苯=1：1（体积比），溶剂：蜡膏=5：1（体积比）（即稀释比为5：1），试样（蜡膏）用溶剂溶解，冷至5℃（或0℃）时过滤、干燥、恒重得到石蜡潜含量，然后测石蜡熔点等主要性质。测定结果见表 1-35。为生产各种规格石蜡提供基础数据，从而指导石蜡生产。

表 1-35　萨尔图石油润滑油窄馏分在-30℃条件下的脱蜡结果

沸点范围/℃	脱蜡油												蜡膏	
	收率(质量分数)/%占馏分	d_4^{20}	运动黏度/(mm²·s)				黏度指数 I	凝点/℃	折射率 η_4^{20}	平均分子质量	酸值(KOH)/(mg·g⁻¹)	黏重常数 VGC	收率(质量分数)/%占馏分	熔点/℃
			37.8℃	50℃	98.9℃	100℃								
350~375	53.0	0.872 2	11.34	7.76	2.79	2.71	98	-24	1.486 5	308	0.41	0.826	47.0	39.4
375~400	52.2	0.871 1	16.57	10.95	3.50	3.46	93	-18	1.485 5	338	0.19	0.823	47.8	46.4
400~425	54.3	0.880 7	28.12	17.57	4.71	4.62	91	-16	1.489 8	380	0.18	0.829	45.7	51.5
425~450	58.5	0.890 6	47.98	27.94	6.38	6.23	87	-16	1.493 2	417	0.20	0.837	41.5	55.8
450~475	56.1	0.900 8	84.62	46.22	8.97	8.70	86	-14	1.496 7	450	0.22	0.845	43.9	56.0
475~500	54.5	0.905 6	143.1	73.89	12.13	11.80	78	-17	1.503 0	496	0.13	0.846	45.5	58.3
500~525	50.0	0.909 4	183.3	93.28	14.61	14.23	83	-17	1.506 2	522	0.14	0.848	50.0	60.7

表 1-36　萨尔图石油润滑油窄馏分蜡膏的脱油及精制石蜡的性质①

沸点范围/℃	蜡膏		0℃		5℃脱蜡			吸附精制蜡							
	占馏分(质量分数)/%	熔点/℃	收率(质量分数)/%		收入(质量分数)/%			收率(质量分数)/%		折射率 η_0^{70}	d_4^{70}	含油量(质量分数)/%	元素分析(质量分数)/%		熔点/℃
			占蜡膏	占馏分	占蜡膏	占馏分	占石油	占脱油蜡	占石油				C	H	
350~375	47.0	39.4	83.5	39.9	65.6	30.8	1.36	98.9	1.35	1.425 2	0.762 4	0.27	85.10	14.92	41.7
375~400	17.8	46.4	89.7	42.9	82.9	39.6	1.70	99.3	1.69	1.428 0	0.766 8	0.07	—	—	47.5
400~425	45.7	51.5	85.6	39.1	80.8	36.9	1.51	99.8	1.51	1.430 4	0.771 2	0.35	85.26	14.91	53.6
425~450	41.5	55.8	84.9	35.2	77.5	32.2	1.42	98.6	1.40	1.433 1	0.777 4	1.45	—	—	58.6
450~475	43.9	56.0	69.1	30.3	60.8	26.7	1.42	99.8	1.42	1.436 9	0.784 9	1.05	85.20	14.69	62.0
475~500	45.5	58.3	70.1	31.9	59.5	27.1	1.23	98.4	1.21	1.439 5	0.788 8	0.65	—	—	64.1
500~525	50.0	60.7	61.1	30.8	46.7	23.4	0.97	97.9	0.95	1.432 0	0.796 6	0.93	85.38	14.4	66.8

①原料为-30℃脱蜡蜡膏，脱油溶剂：丁酮：苯(1:1)，稀释比为5倍，洗蜡溶剂用量为2倍，精制条件：硅胶(细孔)：油为5:1，稀释比为10:1(溶剂:蜡)，冲洗石油醚:3 mL/g 硅胶(石油醚60:90℃)。

2.馏分润滑油潜含量的测定

首先称取一定量的样品，如称取脱蜡油 10 g，并溶于 30 mL 石油醚中。然后装柱:在图1-46(润滑油潜含量测定仪)所示的吸附柱下塞少许棉花,装入75 g粒度为40~100目,在400℃下活化6 h的γ-Al$_2$O$_3$,再加入75 g、40~100目、在150℃下活化5 h的细孔硅胶,用150 mL 60~90℃石油醚润湿吸附柱,待溶剂全部进入硅胶层后,将试样溶液倒入,待全部进入硅胶层后,再加入几克硅胶覆盖。最后再冲洗(洗脱)。其顺序依次为:

150 mL石油醚,375 mL的5%苯+95%石油醚,300 mL的20%苯+80%石油醚,225 mL的苯-乙醇(1∶1)。流速控制在2.0~2.5 mL/min,并按表1-37指定流出体积收集流出液。胶质(用乙醇+水顶替)流出柱子后,收集流出液,蒸去溶剂便得胶质含量(或用差减法定量)。

各流出物分别蒸去溶剂,恒重,得各族烃类质量,然后根据需要将$P+N+A_1$或$P+N+A_1+A_2$作为馏分润滑油潜含量,然后按馏分收率比例混合,分别测定理化性质。

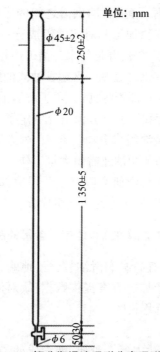

图1-46　馏分润滑油吸附分离吸附柱

表 1-37　按流出体积收集流出液

馏分	流出体积/mL	基本组分	备注
1	80	石油醚	可重复使用
2	250	($P+N$)饱和烃	
3	350	A_1 轻芳烃	润滑油潜含量
4	300	A_2 中芳烃	
5	150	A_3 重芳烃	

五、渣油组成的测定

对于>500℃的减压重油,简称渣油。当其符合某种道路沥青规格时,即可直接作为沥青产品,此时渣油即称为沥青。所以对渣油组成的测定也即对沥青组成的测定。

近年来,为了节约能源,解决石油供需之间的矛盾,合理、充分利用石油资源,许多国家都十分重视渣油加工和对渣油组成分析和研究。由于我国石油组成较重,一般渣油收率高达50%,并近年来各油田还相继发现和开采了重质馏分油,其渣油收率更高,可达60%(辽曙一区超稠油渣油收率为67.11%),那么要想充分、合理利用这一大部分石油资源,就必须了解渣油的化学组成和结构。但由于渣油组成结构复杂,尽管我国在这方面研究制定了一些分析方法,并取得了一些突破性进展,但与其他轻油组成分析比起来,对渣油组成的了解还相差甚远,所以为充分、合理利用渣油及稠油还需做大量工作。目前,辽宁石油化工大学及石油大学、中石化石油化工科学研究院有限公司等都投入相当的人力和物力来研究渣油。下面介绍一些已经成型的渣油组成分析方法。

(一)渣油润滑油(高黏润滑油)和地蜡潜含量的测定

由渣油可生产的产品有高黏润滑油、沥青、地蜡,为了了解各种产品的收率和性质,为制定合理的生产加工方案提供数据,故对渣油进行地蜡、高黏润滑油潜在含量的分析,其分析流程见图1-47。

1.渣油脱沥青

由于减渣中集中了石油中所含胶质、沥青质的绝大部分,胶质、沥青质的存在不但影响高黏稠油及地蜡产品的质量,而且也影响它们的测定,故首先要脱沥青。

脱沥青方法:工厂是利用溶剂脱沥青(如丙烷脱沥青等),实验室分析时是利用胶质、沥青质在硅胶上有强的吸附能力的性质,把渣油溶于石油醚中,加入粗孔硅胶(100~200目),混匀后过滤分离,硅胶相放入脂肪抽提器中用石油醚抽提至回流液滴无色为止[此时沥青质及一部分胶质(非中性胶质,即极性胶质)便留在硅胶固相上,油分被石油醚抽提一下],抽提液与油相合并,蒸去石油醚,恒重后,计算脱沥青油收率。所以沥青质%=100%-脱沥青油%。

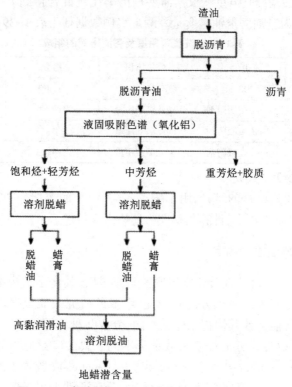

图 1-47　高黏润滑油和地蜡潜含量的测定流程图

2.渣(高黏)润滑油潜含量的测定

(1)取样:含沥青质少的瘠油,不必脱沥青,可直接取样分析,取脱沥青油(或渣油)12.5~15.0 g,用 50 mL 石油醚稀释,使渣油完全溶解。

(2)装柱:双层液-固吸附柱。先在柱下端塞少许棉花,再按试样:氧化铝=1:20 质量比,取 100~200 目碱性氧化铝在 400℃下活化 6 h,装于柱中并敲紧。然后用 300 mL 石油醚润湿氧化铝,柱外循环水保持在 45~50℃保温。待石油醚全部进入氧化层后,加入试样溶液,当其全部进入氧化铝层后加几克氧化铝覆盖,以免反混。

(3)洗脱:依次加入表 1-38 所列溶剂洗脱,调节流速为 3.5 mL/min,并按此表规定的收集体积依次分别收集各流出液,得到饱和烃和轻芳烃($P+N+A_1$)、中芳烃($P+N+A_1$)、重芳烃加胶质(A_3)三部分,分别蒸去溶剂恒重。

(4)脱蜡(测高黏润滑油潜含量):将得到的 $P+N+A_1$ 和 A_2 分别按试样：溶剂 = 1：4(体积比),加入脱蜡溶剂(丁酮：苯：甲苯 = 35：45：20),先在水浴上恒温加热至透明,冷至室温,再放到-22℃的冷浴中进行溶剂脱蜡,得到蜡膏和脱蜡油,脱蜡油蒸去溶剂、恒重。根据需要按产率比例混合得到 $P+N+A_1$ 或 $P+N+A_1+A_2$ 组分,作为渣油润滑油潜含量。测定实例数据列于表 1-39(下部分)中。

表 1-38　洗脱剂用量及各流出液的组成

冲洗液	用量	收集体积	组分	切割点折射率
纯石油醚	300 mL	150 mL	石油醚	—
5%苯+95%石油醚	4 mL/g 吸附剂	同此溶剂用量	$P+N+A_1$	<1.55
20%苯+80%石油醚	4 mL/g 吸附剂	同此溶剂用量	A_2	1.55~1.57
苯-乙醇	3 mL/g 吸附剂	同此溶剂用量	A_3	>1.57

3.地蜡潜含量的测定

上述溶剂脱蜡所得的蜡膏,用丁酮：苯 = 10：1 的溶剂分别在 20℃、10℃ 二段脱油(溶剂脱油)、恒重,计算收率即为地蜡潜含量。

(二)渣油族组成的测定

如前所述,对低沸点馏分化学组成的研究,是按其化学结构不同分为不同烃类的组分。但是渣油组成十分复杂,对其组成的研究只能根据渣油在某些选择性溶剂中的溶解能力或其他物化性质不同,分成几种不同组分。这样,分离条件若改变了,则所得各组分的性质和数量都不同。我国广泛应用的是把渣油分离为饱和烃(族)(Saturates)、芳香烃(族)(Aromatics)、胶质(Resins)、沥青质(Asphahenes)四组分,简称四组分(SARA)。分离通常采用经典的液固吸附色谱法。近年来,随着高效液相色谱技术的迅速发展,也开始应用于渣油四组分的分离中,此外,按渣油分离后组分的数目不同,还有三组分和多组分法。

1.渣油四组分的测定

所谓渣油四组分,就是把渣油分为饱和烃、芳香烃、胶质、沥青质四个组分,简称 SARA 法。

(1)液固吸附柱色谱法(常规四组分法)。其测定流程见图 1-48。

该方法是利用沥青质不溶于正庚烷的原理,将渣油(或沥青)试样用正庚烷沉淀出沥青质,脱沥青质的油分用氧化铝柱色谱分离为饱和烃、芳烃、胶质。测定时取渣油(或沥青)试样 1~2 g,溶于正庚烷中,正庚烷加入量是按每克样加 30 g正庚烷,置于沥青质抽提器中,加热回流 0.5 h,使样品与正庚烷混均,静置 1 h,使沥青质沉淀,然后过滤,滤出的沉淀物放入沥青质抽提器中,用滤液抽提 1 h,以除去沉淀物中非沥青质部分,然后用苯溶解沥青质,再除去苯,真空干燥、恒重,得到沥青质的质量。

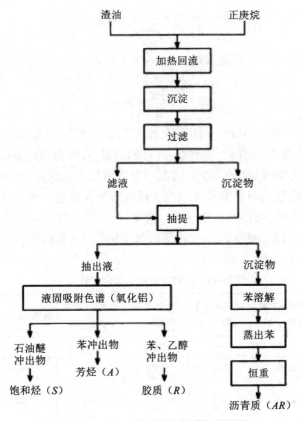

图1-48　渣油四组分测定流程图

　　用石油醚溶解脱除沥青质的试样,用氧化铝柱色谱进行分离,吸附分离器柱内装100~200目的中性氧化铝(含水1%),柱温保持在50℃,(用循环水完成),按表1-39顺序依次加入洗脱剂。

表1-39　洗脱剂用量及各流出液组成

冲洗液	加入量/mL	流出组分	组分颜色
石油醚	80	饱和烃	无色
甲苯	80	芳烃	棕色
甲苯	40	胶质	黑色
甲苯-乙醇(1:1体积比)	40	胶质	黑色
乙醇	40	胶质	黑色

　　石油醚冲出物为饱和烃,甲苯冲出物为芳烃,乙醇和甲苯冲出物为胶质,各

组分分别蒸去溶剂,真空干燥,恒重,按下式计算其含量:

$$沥青质 \% = \frac{G_1}{W} \times 100\% \qquad (1-78)$$

$$饱和烃 \% = \frac{G_2}{W} \times 100\% \qquad (1-79)$$

$$芳烃 \% = \frac{G_3}{W} \times 100\% \qquad (1-80)$$

$$胶质 \% = 100\% - 沥青质 \% - 饱和烃 \% - 芳烃 \% \qquad (1-81)$$

式中,G_1、G_2、G_3 分别为沥青质、饱和烃、芳烃的质量,g;W 为试样质量,g。

若样品的沥青质含量小于10%,可取一份样品按上法测定沥青质,另取一份样品用氧化铝吸附色谱测定饱和烃、芳烃、胶质加沥青含量。后者减去第一份样品测得的沥青质含量,可得到胶质含量。这样,由于沥青质测定及色层分离同时进行,可缩短分析周期,减少样品在转移过程中的损失,实测各地渣油四组分含量的数据见表1-40。

表1-40　各地渣油的四组分含量

渣油产地	饱和烃(质量分数)/%	芳香烃(质量分数)/%	胶质(质量分数)/%	沥青质(质量分数)/%	胶质/沥青质	饱和烃/芳烃
大庆(石蜡基)	36.7	33.4	29.9	<0.1	—	1.1
任丘(石蜡基)	22.6	24.3	53.1	<0.1	—	0.9
胜利(含硫中间基)	21.4	31.3	45.7	1.6	28.5	0.7
孤岛(环烷基)	11.0	34.2	46.8	8.0	5.9	0.3
阿拉伯(轻质)	9.2	50.5	28.9	11.4	2.5	0.2
伊朗(重质)	6.0	52.2	33.7	8.1	4.2	0.1
科威特	5.9	53.2	31.0	9.9	4.1	0.1

由表1-40中的数据可知,石油产地不同,渣油族组成差别很大,在石蜡基大庆石油的渣油中,饱和烃最多,胶质最少,几乎没有沥青质;在环烷基孤岛石油的渣油中,饱和烃较少,胶质较多,沥青质含量高达8%;而任丘石油比较特殊,虽然属于石蜡基石油,但其渣油含胶质高达53.1%,与胜利、孤岛渣油接近。对于这种石油不能单纯用石油分离的指标去估计其渣油的组成。表中还列举了中东几种主要石油的渣油组成的数据。与我国四种渣油比较可以看出,我国渣油的特点一般是饱和烃多,芳烃少,胶质多(大庆渣油除外),沥青质少。因此,是良好的裂化原料。

(2)高效液相色谱法。高效液相色谱法(HPLC)是近年来开发的测渣油四组分的快速分析方法,该方法用于渣油(或沥青)四组分的测定能大大缩短分析时间。据文献报道,测定时将渣油(或沥青)试样先用正庚烷沉淀分离出沥青质,并用质量法定量。脱沥青质部分用高效液相色谱法分离为饱和烃、芳香烃和极性化合物(胶质)三部分。液相色谱流程见图1-49。实验采用 WatessALC/GPC-244 型色谱仪,仪内配有紫外检测器和示差折光仪。色谱柱内装键合相氨基填料(Micro-Bandapak-NH$_2$)柱长 30 cm,柱内径 4 mm。将脱沥青质组分配成 2 mg/mL 的正庚烷溶液,注入色谱柱内,进样量 10 μL。最初由正庚烷冲洗出来的是饱和烃,用示差折光仪检测。其次冲出来的是芳香烃,用紫外鉴定器检测。柱内残留的胶质是强极性物质,故改用极性较强的醋酸乙酯、乙醇、正庚烷(40:40:20)混合溶剂冲洗,仍用紫外鉴定器检测。最后根据峰面积(或峰高)定量。高效液相色谱法与经典的液固吸附色谱法比较,其结果相当吻合,见表1-41。

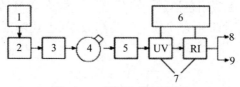

图1-49　液相色谱流程图

1-溶剂;2-过滤器;3-泵;4-进样阀;5-色谱柱;6-记录仪;7-检测器;8-收集;9-废液

表1-41　液相色谱法和常规四组分法实验结果对比

样品	实验方法	饱和族(质量分数)/%	芳香族(质量分数)/%	极性物(质量分数)/%	正庚烷不溶物(质量分数)/%
胜华100号	四组分法	14.32	33.22	44.17	8.29
	HPLC法	14.55	31.57	45.85	8.29
大庆渣油	四组分法	39.95	34.71	24.88	0.46
	HPLC法	41.58	30.86	32.25	0
任丘渣油	四组分法	25.9	31.7	42.4	<0.1
	HPLC法	24.03	30.29	46.52	0.6
胜利100号	四组分法	26.8	32.6	38.6	2.0
	HPLC法	28.35	32.8	40.72	3.38
兰州100号	四组分法	33.4	28.9	37.3	0.4
	HPLC法	33.58	31.27	39.42	0.45

2. 多组分法

四组分法比较简单易行,但是,要更深入了解渣油(沥青)的结构组成,把渣油分成四个组分往往满足不了科研和生产的需要,因此,又发展了多组分分离法。

以下是对我国几种渣油进行六组分分离的实例。方法仍采用液固吸附色谱,固定相是含水 5%的氧化铝,以较简单的溶剂梯度冲洗,成功地把渣油分为六个组分。然后测定各组分中重金属镍的分布及其结构参数,为渣油的综合利用提供了基础数据。分离方案见图 1-50。分离方法是先将正戊烷加入到渣油试样中(40∶1),把渣油分为正戊烷可溶物和正戊烷不溶物两部分。然后在中性氧化铝(100~200 目,含水 5%)吸附柱上,依次用正庚烷、正庚烷加苯(85∶15)、正庚烷加苯(1∶1)、苯和苯加乙醇(1∶1)进行梯度冲洗,把正戊烷可溶质分为组分 1(饱和烃+轻芳烃)、组分 2(重芳烃或多环芳烃)、组分 3 和组分 4 及组分 5 三个胶质组分,最后是正戊烷不溶物(正戊烷沥青质)等,共计 6 个组分。组分 1 还可以用含水 1%的氧化铝吸附色谱进一步分离为饱和烃、单环芳烃、双环芳烃、多环芳烃等。表 1-42 是对四种渣油分离的实测数据(上述溶剂比例均为体积比数据)。

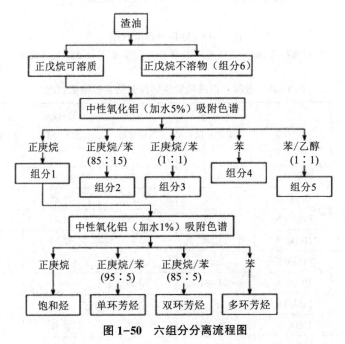

图 1-50　六组分分离流程图

表1-42　四种渣油六组分分离结果

组分含量 渣油产地	组分1 （质量分数） /%	组分2 （质量分数） /%	组分3 （质量分数） /%	组分4 （质量分数） /%	组分5 （质量分数） /%	正戊烷不溶物 （质量分数） /%	残留物及损失 （质量分数） /%
胜利	44.6	11.6	13.4	7.3	11.2	10.5	1.4
大庆	63.8	9.8	11.1	6.1	7.4	0.4	1.4
任丘	34.1	9.0	11.7	9.6	20.5	12.0	3.1
临盘	40.4	12.9	15.8	7.7	8.1	13.8	1.3

3.质谱法

质谱法测定渣油中各族烃类,与前述的重油法类似,也是将渣油先用液固吸附柱色谱分离为饱和烃、芳香烃、胶质+沥青质(此部分不能进行质谱分析,以免污染质谱系统)。

饱和烃用质谱法分为：链烷烃、单环环烷烃、双环环烷烃、三环环烷烃、四环环烷烃、五环环烷烃、等

芳烃用质谱法分为：单环芳烃、双环芳烃、三环芳烃、四环芳烃、五环芳烃、等

共25种烃族(含胶质和沥青质)。

(三)渣油结构族组成的测定

前面已讨论用 η-d-M 法(或 η-d-v 法)测定 200~500℃馏分油的结构族组成。但这个方法只局限于馏分中平均分子的总环数 R_T 不大于4,芳环数 R_A 不大于2的条件下使用,显然对于结构组成更复杂的渣油是不适用的。许多实验证实,渣油主要是由硫、氮、氧原子等的缩合系芳香环化合物所组成。在这些芳香环上一般都有长度不等的烷基侧链及数目不等的环烷环。它们的结构复杂,其结构单元无规律性,并且随产地不同而差别甚大。因此,分离鉴定其结构族组成

的难度极大。为了寻求有效的分析方法,人们做了大量的工作,并已把近代的物理测试技术应用到测定渣油结构族组成的领域中。在推断渣油的平均分子结构族组成方面,取得了一定的进展。目前适用于渣油结构族组成分析的方法有密度法(E-d-M 法)和核磁共振波谱法。分别叙述如下。

1.密度法(E-d-M 法)

(1)该方法是把渣油作为一个平均分子。在测得渣油的元素分析数据、$C\%$、$H\%$、$\overline{M}(d_4^{20})$ 通过一系列经验公式换算,用七个结构参数来描述渣油平均分子的结构族组成。对平均分子而言的这七个结构参数是:

f_a-芳香度;C-总碳数;R-总环数;R_N-环烷环数;

CI-缩合指数;C_A-芳环上碳数;R_A-环数。

也就是说,用元素分析数据,$C/\%$、$H\%$、$\overline{M}$ 和 d_4^{20} 用经验公式可计算出表示渣油结构的这七个结构参数,这种方法称 E-d-M 法,也叫密度法。下面着重介绍确定这个结构参数的经验式及定义。

(2)计算方法(经验式)。

①缩合指数 CI。当分子中全部为烷烃结构时,其碳原子数与氢原子数有下列关系:

$$H = 2C + 2 \tag{1-82}$$

设分子中无不饱和烃。分子中每形成一个环,即减少两个氢原子,每组成一个芳碳原子,即减少一个氢原子,则有

$$H = 2C + 2 - 2R - C_A \tag{1-83}$$

$$令 \; CI = 2(R-1)f_a/C = C_A/C \tag{1-84}$$

则

$$CI = 2(R-1)/C \tag{1-85}$$

整理上式则有

$$CI = 2(R-1) = 2 - H/C - f_a \tag{1-86}$$

式中,H/C 为平均分子中氢碳原子之比;R 为平均分子中总环数;C_A 为平均分子中芳碳原子数;f_a 为芳香度,(芳碳分率)。

这里 $2(R-1)/C$ 表示平均分子中环系结构的稠合程度,称为缩合指数 CI(Condensation Index)。当分子中全部是烷烃结构时 $=0$、CI 为负值;当分子中全部是单环结构时 $R=1$,$CI=0$;当分子中全部是烷烃结构时 $R>1$,CI 为正值。对于三维空间的萘环结构(金刚石晶格),缩合指数可以达到一个最大值 2.0。

②芳香度 f_a。链烷烃的摩尔体积 V_m 具有可加性,可用下式表示:

$$V_m = \sum_i n_i V_i - \varphi_m \tag{1-87}$$

$$\left(\frac{M_c}{d}\right)_c = \frac{M_c}{d} - 6.0\left(\frac{100 - C\% - H\%}{C\%}\right) \tag{1-88}$$

式中,V_i 为平均分子中 i 元素的摩尔体积;n_i 为平均分子中 i 元素的质量分数;ϕ_m 为终端基团的摩尔自由体积。

对于具有环结构分子,还应减去摩尔体积收缩量 K_m。对于渣油大分子,ϕ_m 可忽略,则有

$$V_m = \sum_i n_i V_i - K_m \tag{1-89}$$

用已知化学结构的芳碳率高的一系列物质(如石墨、纤维素等)为模型物质求得 K_m 值。

$$K_m = (9.1 - 3.65H/C)R \tag{1-90}$$

又因平均分子量等于其摩尔体积与相对密度的乘积,故有

$$V_m = \frac{M}{d}\sum_i n_i V_i - (9.1 - 3.65H/C)R \tag{1-91}$$

上式两边除以总碳原子数,则有

$$\frac{M_c}{d} = \sum_i \frac{n_i V_i}{C} - (9.1 - 3.65H/C)(R/C) \tag{1-92}$$

$$\frac{M_c}{d} = \frac{1201}{d} \times \%C \tag{1-93}$$

$$\frac{H}{C} = 11.92\left(\frac{\%H}{\%C}\right) \tag{1-94}$$

式中,M_c 为以每个碳原子计的平均分子质量;M_c/d 为每个碳原子计的摩尔体积;$\%C$ 为平均分子中碳的百分数;$\%H$ 为平均分子中氢的百分数。

由式(1-94)、式(1-95)可知,M_c/d、H/C、f_a 三者有函数关系。用已知结构的高芳碳含量的烃类作为标准物,通过研究找到它们的关系式:

$$f_a = 0.09\left(\frac{M_c}{d}\right)_c - 1.15\left(\frac{H}{C}\right) + 0.77 \tag{1-95}$$

$$\left(\frac{M_c}{d}\right)_c = \frac{M_c}{d} - 6.0\left(\frac{100 - \%C - \%H}{\%C}\right) \tag{1-96}$$

式中,$\left(\frac{M_c}{d}\right)_c$ 为校正后的以每个碳原子计的摩尔体积。

因为渣油中含有非烃化合物,故需对每个碳原子的摩尔体积进行校正。这里相对密度还可以根据试样的元素分析数据,用下面经验公式求得

$$d_4^{20} = 1.4673 - 0.043(\%H) \tag{1-97}$$

③总碳数 C。

$$C = \frac{M \times \%C}{1201} \qquad (1-98)$$

④总环数 R。

$$R = \frac{(CI)C}{2} + 1 \qquad (1-99)$$

⑤芳碳数 C_A。

$$C_A = f_a C \qquad (1-100)$$

⑥芳环数 R_A,烷环数 R_N。设平均分子中芳环均是渺位缩合型结构

$$R_A = (C_A - 2)/4 \qquad (1-101)$$

$$R_N = R - R_A \qquad (1-102)$$

E-d-M 法不需要贵重仪器,方法简便。只需要测得渣油试样的元素分析数据($\%C,\%H$)和平均分子量,便可求得渣油的结构参数,因而得到广泛的应用。

2.核磁共振波谱法

借助 ^{1}H-NMR 及 ^{13}C-NMR 谱图,可得到化合物中有关氢原子和碳原子结合情况的直接信息。例如 ^{1}H-NMR 根据化学位移的不同可定性说明氢原子在分子中结合形式,从而推知分子中碳原子的结合型式。按照核磁共振谱图中各种类型质子的吸收面积之比,等于质子数目之比,可以由谱图中各类型质子峰面积,计算出各类氢的百分含量。结合元素组成及平均分子量等数据,就可以计算出各种类型的氢含量。由氢含量并依据试样的性质,作某些合理而必要的假定,便可推算出描述渣油结构的各种参数来。现把我国采用的几种方法介绍于后。

(1)威廉法(Williams):由质子核磁共振波谱测得试样的氢分布,结合元素分析及平均分子量数据,可以计算 f_a、BI、C_P、C_N、C_A、R_N 和 R_A 七个结构参数。这里 BI 称为支化指数,它表示 CH_3/CH_2 之比值,说明分子中烷链烃的异构化程度。

(2)布朗-兰特纳法(Brown-Ladner):本法可省去平均分子量的测定,由元素分析数据及质子核磁共振测得的氢分布数据,计算芳香度、取代度、缩合度三个参数来确定渣油的结构族组成,计算式如下:

$$f_a = \frac{\dfrac{C}{H} - \dfrac{H_a}{x} - \dfrac{H_0}{y}}{\dfrac{C}{H}} \qquad (1-103)$$

$$\sigma = \frac{\dfrac{H_a}{x} + \dfrac{O}{H}}{\dfrac{H_a}{x} + H_A + \dfrac{O}{H}} \qquad (1-104)$$

$$\frac{H_{au}}{C_a} = \frac{\dfrac{H_a}{x} + H_A + \dfrac{O}{H}}{\dfrac{C}{H} - \dfrac{H_a}{x} - \dfrac{H_0}{y}}$$ 　　(1 - 105)

$$x = y = 2$$ 　　(1 - 106)

式中,f_a 为芳香度,芳香环碳原子占总碳原子的分率;σ 为取代度,芳香环系外围碳的取代率;H_{au}/C_A 为缩合度,假定未被取代时的芳香环上的氢与芳环上碳原子数的比值;C/H 为碳、氢原子比;O/H 为氧、氢原子比;H_A 为芳环上的氢占总氢的分数;H_a 为芳碳侧链上 a 位碳原子上的氢占总氢的分数;H_0 为除 a 位氢外其他非芳香部分的氢占总氢的分数;x 为在 a 位取代基上氢对碳的原子比;y 为除 a 位外其他非芳香部分的氢对碳的原子比。

表 1-43 是质子核磁共振波谱测定各类氢的化学位移及归属。表 1-44 是四种渣油及组分质子核磁共振波谱测定的氢分布数据。

表 1-43 　^{1}H-NMR 测定各类氢的化学位移及归属

符号	化学位移 $\delta^{①}$/(ng·μL^{-1})	质子类型
H_A		芳环上的氢
H_α	6.2~9.2	连接芳环 α 位上的饱和基团中的氢
H_β	2.0~4.0 1.0~2.0	烷及环烷的亚甲基、次甲基中的氢 离芳环 β 位或更远的亚甲基中的氢 或 β 位的甲基氢
H_γ	0.5~1.0	烷基 γ 位或离芳环 γ 位更远的甲基上的氢

① δ 相对于四甲基硅烷的化学位移 ng/mg。

表 1-44 　质子核磁共振测定的氢分布

样品	H_A	H_α	H_β	H_γ
大庆渣油	0.03	0.03	0.79	0.16
饱和烃	—	—	0.84	0.16
芳烃	0.05	0.04	0.78	0.13
胶质	0.06	0.08	0.73	0.14
任丘渣油	0.04	0.06	0.72	0.18
饱和烃	—	—	0.78	0.22
芳烃	0.04	0.05	0.72	0.18
胶质	0.06	0.09	0.68	0.17
胜利渣油	0.04	0.06	0.71	0.19
饱和烃	—	—	0.78	0.22

样品	H_A	H_α	H_β	H_γ
芳烃	0.04	0.06	0.70	0.20
胶质+沥青质	0.05	0.08	0.71	0.17
孤岛渣油	0.05	0.07	0.71	0.17
饱和烃	—	—	0.77	0.23
芳烃	0.05	0.09	0.70	0.17
胶质+沥青质	0.07	0.09	0.67	0.16

(3)用[13]C-NMR求芳香度。由 C 核磁共振波谱测得碳分布,直接求取芳香度。表1-45列出各类碳的化学位移及归属。表1-46是四种渣油[13]C-NMR测定的碳分布数据。由此按芳香度定义有下列关系式:

$$f_a = A_1 + A_2 + A_3 + A_4 \qquad (1-107)$$

式中,A_1、A_2、A_3、A_4 分别为化学位移,ng/μL。

据此可求得各种试样的芳香度,方法比[1]H-NMR更为简便。

表1-45　各类碳的化学位移及归属

符号	化学位移 δ/(ng·μL⁻¹)	碳的类型
A_1	150~170	被 OH 或 OR 取代的芳环上碳原子,吡啶中取代的 C-2 碳原子
A_2	130~150	被烷基取代的芳环碳原子,芳环缩合点上的碳原子
A_3	100~130	未被取代的芳环碳原子(带有氢)
A_4	8~58	饱和碳原子

表1-46　[13]C核磁共振波谱测定的碳分布

碳类型样品	A_1	A_2	A_3	A_4
大庆渣油	0	0.09	0.05	0.86
芳烃	0	0.11	0.05	0.84
胶质	0.01	0.12	0.12	0.74
任丘渣油	0.04	0.13	0.02	0.81
芳烃	0.02	0.11	0.04	0.83
胶质	0.06	0.17	0.07	0.70
胜利渣油	0.04	0.12	0.03	0.81
碳类型样品	A_1	A_2	A_3	A_4
芳烃	0	0.15	0.03	0.82
胶质+沥青质	0.04	0.17	0.04	0.74
孤岛渣油	0.04	0.14	0.03	0.79
芳烃	0.02	0.12	0.07	0.78
胶质+沥青质	0.02	0.18	0.13	0.67

用不同的方法得到的结构参数,可以互相对比和补充,不同的方法求得的 f_a、R_A,R_N 值都比较接近,四种渣油及相应组分的 f_a 值都以大庆渣油最小,孤岛渣油最大。渣油及芳碳组分中,环烷环多于芳环($R_A/R_N<1$)。而胶质部分则是芳环占优势($R_A/R_N>1$)。大庆渣油及组分的支化指数 BI 较小,C_P 很高,取代度小,说明分子中的侧链长而异构化程度小,侧链数也少。这是石蜡基油的特点。

上面讨论了渣油族组成的测定和结构族组成的测算方法。综合应用这些方法,可以对不同产地的渣油进行分离测定,为渣油的深度加工、合理利用提供数据,各步骤归纳于图 1-51 中。

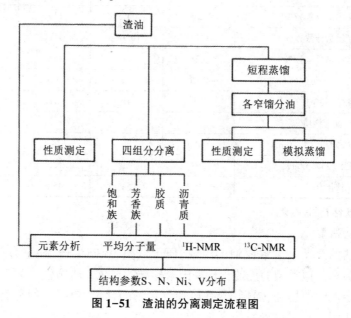

图 1-51　渣油的分离测定流程图

表 1-47 是我国四种渣油性质测定的数据。由表中数据可知,大庆渣油的残碳值、硫、氮及金属含量都很低,是深度加工的好原料。胜利、孤岛渣油的硫含量都比大庆、任丘油高。这四种渣油的钒含量极少(小于 5 ng/μL)。而国外的中东渣油钒含量为 50~150 ng/μL,委内瑞拉重质渣油的钒含量则高达 1 000 ng/μL 以上,但我国渣油的氮含量较高(除大庆渣油外),与伊朗渣油含氮量(0.5%~0.8%)相近。我国渣油镍含量则与中东渣油(20~50 ng/μL)接近。

在沥青性质方面,因为道路沥青规格要求延度不小于 40 cm,所以,只有孤岛渣油可以直接生产道路沥青,其他渣油必须通过进一步加工,才能达到道路沥青规格的要求。

表 1-47　我国四种渣油的性质

项目	大庆	任丘	胜利	孤岛
占石油(质量分数)/%	40	41	47	53
密度(20℃)/(g·cm⁻³)	0.940	0.959	0.979 7	0.987 5
黏度(100℃)/(mm²·s⁻¹)	142.9	365.1	671.2	138.1
残碳(质量分数)/%	8.5	17.0	13.3	16.2
元素分析				
碳(质量分数)/%	36.6	85.9	85.5	83.9
氢(质量分数)/%	12.5	11.3	11.6	11.3
硫(质量分数)/%	0.16	0.47	1.35	2.86
氮(质量分数)/%	0.28	0.91	0.5	0.88
钒/(ng·μL⁻¹)	0.15	1.2	4.3	1.4
镍/(ng·μL⁻¹)	10	42	52	26
沥青性质				
针入度(25℃)/(1/10 mm)	>250	96	148	164
延度(25℃)/cm	3.9	9.3	12.9	>100
软化点/℃	35	54	45.5	46

3. 多维色谱法测定

①方法概要。

本方法的意义是了解汽油的组成,便于调整、控制生产,并进行质量保证。汽油中烯烃和其他类型的烃的含量是国家标准的要求。本方法适用于多维气相色谱法测定汽油中烷烃、烯烃、芳香烃和氧化物的含量,包括烃的种类和烃的碳数。本方法用于测定总芳香烃含量≥50%(V/V)、总烯烃含量≥30%(V/V)、氧化物含量≥15%(V/V)的汽油。除了苯,不测定单个烃的组分。

它的测试原理是将代表样品注入气相色谱系统内。气相色谱由电脑控制,且带有多个阀、柱及烯烃催化加氢装置,样品的分析在不同的温度下进行。阀在预测定时间内被驱动,可使样品的各部分进入相应的柱子或吸附阱中。在分析过程中,柱子按序将样品分离为各不同类型的烃,并依次通过火焰离子检测器被检测。

样品的质量百分比通过面积归一化计算而得,如果本方法不能测定甲醇或其他一些氧化物的含量,则可通过另一种试验方法,例如 ASTM D4815 或 ASTM D5599 测定,将所有的烃归一为氧化物计算。液体的体积百分比可根据每种被测物同烃类的百分比和相应的相对密度校正因子来测定并归一为 100%。

本方法参考的标准方法有 ASTM 6839—07、SH/T 0741—2004。

②设备及材料。

a.试剂及材料。

压缩空气:烃和水的总量<10 mg/kg(压缩气体)。

氮气:纯度99.999%,水<0.1 mg/kg(压缩气体)。

氢气:纯度99.999%,水<0.1 mg/kg(易燃的压缩气体)。

柱、吸附阱和催化加氢装置:本方法需要4根柱子,2个吸附阱和1个催化加氢装置,每一个部分独立控温,参照表1-48可知系统中各部分的位置,并列出了系统各部分相应的配置。系统组件清单包括用来判断适用的操作指导,操作指导给出了系统工作的温度和时间。分离效果满足整个系统分离参数表,可选择不同的方案。

表1-48 系统组件的温度控制范围

元件	常用操作温度范围	最大加热时间/min	最大冷却时间/min
醇吸附阱	$60 \sim 280$	2	5
极性柱	130	恒温	
非极性柱	130	恒温	
烯烃吸附阱	$120 \sim 280$		5
13X 分子筛	$90 \sim 430$	程序升温,10℃/min	
聚苯乙烯型柱	$130 \sim 140$	恒温	
EAA 吸附阱	$70 \sim 280$	1	5
铂催化加氢柱	180	恒温	
柱交换装置阀门	130	恒温	
样品流路	130	恒温	

醇吸附阱:140~160℃的温度范围,注入样品2 min后,苯、甲苯及所有的烷烃、烯烃、环烷烃、醚流出该吸附讲,C_8芳烃、所有醇和一些其他组分被保留。在280℃的温度下,反吹吸附阱,则保留在吸附阱中的组分在2 min内流出。

极性柱:进样后5 min内,在130℃的温度下,沸点<185℃非芳烃组分有足够的时间流出而所有的芳烃组分被吸附。在沸点<215℃保证苯、甲苯和所有的非芳烃组分10 min都能进入柱子中。反吹柱子时,10 min内,所有吸附的芳烃应流出。

非极性柱:在130℃的温度下,沸点<200℃的芳烃经过此柱子流出并按碳数分离,最后反吹出高沸点的烷烃、环烷烃、芳烃。

烯烃吸附阱:在90~105℃的高温范围内,吸附阱吸附样品中的烯烃6.5 min以上。而进样后不到6.5 min的时间内,所有的C_7非烯烃类的组分将流出柱子,所有的C_9非烯烃类保留在柱子中。在140~150℃的高温范围内,吸附阱保留

C_6、碳数更高的烯烃和释放出所有的非烯烃组分在 3 min 内。在这个时间段,烯烃超过 C_6 的也有可能释放出来。280℃时,吸附阱解吸,所有烯烃定量流出烯烃吸附阱。

13X 分子筛:以大约 10℃/min、在 90~430℃ 的范围内进行了程序升温时,链烃和环烷烃按碳数分离。

聚苯乙烯型色谱固定相柱:在 130~140℃ 的温度下,柱子将分离出苯、甲苯和氧化物。

EAA 吸附阱:进样后 6 min 内,在 130~140℃ 的温度下,吸附阱吸附所有的醚,而释放沸点 <175℃ 的非醚化合物。280℃时,吸附阱释放所有的被吸附的组分。

铂催化加氢柱:在 180℃、辅助气流量(14±2)℃ 的条件下,烯烃加氢定量的转变为同碳数的烷烃,且不发生任何裂化反应。

测试混合物:用纯的烃和氧化物定量配制的 3 种混合物,可校正仪器的各部件、温度和切割时间。使之更好地满足分析要求且达到延长柱子和吸附阱的使用寿命的目的。混合物可直接购买,也可按 ASTM D4307 标准配制。用于配制混合物的每一组分的纯度 >99%。对混合物中组分的实际含量的多少没有严格要求,但必须准确定量。

系统的校正混合物:控制和调节整个操作系统,混合物的组分和相应的含量见表 1-49。

质量控制的样品:对色谱系统操作进行常规监测,确保报告的样品的含量在本试验方法的精度范围内。由于被分析样品的含量和组分的不同,需要多于一个的质量控制样品。作为质量控制的样品的构成要和常规分析的样品相似。质量控制样品应有充足的供给和满足一定的使用期,且在每一预用期的储存条件下,确保试样的均一、稳定。质量控制样品应该和常规分析的最高的烯烃有相似的构成和碳烃分布。质量控制样品和常规分析样品都包含充氧剂。分离规程可以使用不同的充氧剂。

表 1-49 分析系统的校正测试混合物

组分	近似浓度/%	警告
环戊烷	1.1	A
戊烷	1.1	A
环己烷	2.1	A
2,3-二甲基丁烷	2.1	A
己烷	2.1	A

组分	近似浓度/%	警告
1-己烯	1.5	A
1-甲基环己烷	4.0	A
4-甲基-1-己烯	1.6	A
庚烷	3.5	B
顺-1,2-二甲基环己烷	5.0	A
2,2,4-三甲基戊烷	5.0	B
辛烷	5.0	B
顺-1,2-二苯乙烯-4,4'-二羧酸二甲酯	4.0	B
壬烷	4.5	B
癸烷	4.5	B
十一烷	3.5	B
十二烷	3.5	B
苯	2.2	B
甲苯	2.2	B
十氢萘	4.0	B
正十四碳烷	4.5	B
乙苯	4.5	A
1,2-二甲苯	4.0	A
丙基苯	5.0	A
1,2,4-三甲基苯	4.5	A
1,2,3-三甲基苯	5.0	A
1,2,4,5-四甲基苯	5.0	B
五甲基苯	5.0	C

b.仪器设备。

用于测定的整套操作系统主要由三部分组成:计算机控制的气相色谱仪、自动进样器和特定的硬件更新系统。这些系统主要包括柱子、吸附阱、加氢反应器和切换阀。

气相色谱系统:能实现特定温度下的恒温操作,配有热能使样品瞬间气化的进样口、火焰离子化检测器、必要的流量控制器和计算机控制系统。

进样系统:自动选样器,可进样 0.1 μL,总进样量为除去分流部分和隔垫吹扫部分后的进样量,推荐使用自动选样器,但并不是必需的。

气体的流量和压力控制器:控制器必须有足够的精密度,它能保证进入色谱系统的氮气、进入加氢反应器的氢气以及供给火焰离子化检测器的氢气和空气的流量与压力的可重复性。另外,用于冷却特定系统和气动阀切换的空气流量也要得到很好的控制。

电子的数据采集系统:应该达到或超出以下性能(标准软件即可满足),每一次分析至少可容纳50个峰;用相应的校正因子进行面积归一化计算;分离各峰,且在特定保留时间内按类型依次流出;排除噪声和尖峰信号的能力;对快($<0.5\ s$)峰($>20\ Hz$的10个数据点给1个峰)的采集率;窄峰和宽峰的峰宽的测定;所需的垂直线和正切离心线。

系统的温度控制部分:系统对吸附阱、催化加氢反应器、切换阀和样品的流路进行独立控温。系统中所有与样品接触部分应加热至某一特定温度,以保证样品的任一组分不被冷凝为液体。

柱和吸附阱的切换阀:推荐使用自动的六通阀,用于气相色谱的阀应满足以下要求。在操作温度下,阀能连续运行且不使样品冷凝。在分析条件下,阀的结构材料不与样品反应。理想的材料有不锈钢、PFA。阀有内柱,但在分析条件下,对载气的流量没有任何影响。

空气阀:用于控制柱和吸附阱的冷却气,推荐使用自动阀。

气体的净化:除去氮气中的湿气和氧、氢气及空气中的水和氧。

③测试步骤。

a.仪器准备。

氮气、氢气和空气的不纯会对柱子和吸附阱产生有害影响。因此,在气路上尽可能靠近仪器的部分安装有效的气体净化器,使仪器能用上高质量的气体。氮气和氢气的连接管为金属管,检查系统气体接口处和系统内外连接处,拧紧泄漏部件。

系统的调节:当需要断开气路的连接点或关闭气源时,与开启仪器时一样,允许载气流经系统30 min,使系统温度与周围环境温度相近。条件设定后,分析校正测试样,记录测试结果。

b.标定。

在外加温度的作用下,各组分流出柱子和吸附阱,驱动切换阀使混合物按类型分离。例如,吸附特定的组分而让其他化合物流出柱子。因此,在正确操作系统时,对柱或吸附阱的分离温度和阀的切换的要求特别严格。对于一个新的分析系统,在运行前必须对这些参数进行设定并校正。随着柱子或吸附阱使用期的加长,也需进行一些必要的更新和调节。为实现必要的调节,需对测试混合物做必要的分析。

根据分析步骤,分析系统的校正测试混合物,仔细检查所得的色谱峰,并与图中的参考峰相对照,确认测试混合物中的所有组分流出柱子且被准确定性。每一类型烃的测试结果的总值与已知成分一致,误差±0.5%。每一类型烃的测试结果的碳数与已知成分一致,误差±0.2%。如满足要求,进行质量控制样品的测定。分析质量控制样品,确认其值与之前获得结果一致。

c.操作步骤。

输入系统必要的设定值,主要包括各部分的温度、柱子和吸附阱的温度改变的时间、切换阀的初始位置以及阀切换发生的时间等。

当分析条件下的所有部件的温度达到稳定时,等分进样 0.1 μL 的整数倍(或测试样),开始分析。

分析开始时,应同时进行数据采集和实现所有不同的程序升温的时间和阀切换功能。

完成所有程序后,系统自动结束,产生色谱峰并打印含量报告。

④结果小结。

a.结果报告。

报告每组烃和氧化物的质量百分比和体积百分比精确到 0.1%,单个的烃和氧化物的质量百分比和体积百分比,精确到 0.01%。

通过将碳数 5~10 的环烷烃、碳数 3~10 的聚环烷烃和碳数 11 以上的链烃加在一起计算链烃的总数。

通过将碳数 5~10 的环烯烃、碳数 3~10 的单烯烃和二烯烃加在一起计算烯烃的总数。

通过将碳数 6~10 的芳香烃和碳数 11 以上的芳香烃加在一起计算芳香烃的总数。

b.精密度。

重复性:同一操作者,同一台仪器,在同样的操作条件下,对同一试样进行试验,所得到的两个试验结果之间的差值,在正常且正确操作下,从长期来说,20 次中只有 1 次超过表 1-50 和表 1-51 中所列值。

表 1-50　组分结果报告

烃类和氧化物	结果报告,%(m/m)和%(V/V)
烷烃	结果保留 1 位小数
烯烃	结果保留 1 位小数
芳烃	结果保留 1 位小数
苯	结果保留 2 位小数

再现性:在不同实验室,由不同的操作者对相同的试样进行的两次独立的试验结果的差值,在正常且正确操作下,从长期来说,20 次中只有 1 次超过表 1-50

和表1-51中所列值。

表1-51　选择性氧化物和烃类中典型组分和其他组分的重复性和再现性

组分	重复性	再现性	范围(V/V)/%
芳香烃	$0.012(10+X)$	$0.036(10+X)$	20~45
烯烃	$0.13X^{0.46}$	$0.72X^{0.46}$	0~28
烷烃	0.5	1.6	25~80
氧	0.02	0.10	0.25~1.80
苯	$0.019X^{1.6}$	$0.053X^{1.6}$	0.5~1.6
甲基叔丁基醚	0.14	0.37	10
乙醇	0.06	0.37	0.5~4.0
乙基叔丁基醚	0.09	0.67	10
甲基叔戊基醚	0.07	0.71	4.5

⑤讨论。

本方法采用多根不同性质的色谱柱,结合阀切换技术,将汽油中的组分按照类型和碳数分离,使不同类型组分之间的干扰会变得很小。在同一台色谱仪上一次进样实现了氧化物、链烃、环烷烃和芳烃含量的测定,包括苯、MTBE、乙醇、ETBE和TAME含量的测定。

本方法中某些含硫化合物能被烯烃吸附阱所吸附,从而降低对烯烃的吸附量。这些含硫化合物也会被醇吸附阱或醚-醇-芳烃吸附阱所吸附。然而燃油的多样性并不会对吸附阱有太大的影响。用于区分等级和燃油类型的商业染料、燃油中一些吸附的洗涤剂和溶解在燃油中的水对本方法没有干扰。

在标定过程中,分析系统的校正测试混合物如不能满足要求,可以通过按照仪器生产说明书调节特定的柱子和吸附阱的温度或阀的切换速度,重复分析系统校准测试直到满足要求。

表1-52　不同浓度下计算的重复性和再现性

组分	浓度(V/V)/%	重复性	再现性
芳香烃	20	0.4	1.1
	25	0.4	1.3
	30	0.5	1.4
	35	0.5	1.6
	40	0.6	1.8
	45	0.7	2.0

组分	浓度(V/V)/%	重复性	再现性
烯烃	1	0.1	0.7
	3	0.2	1.2
	5	0.3	1.5
	10	0.4	2.1
	15	0.5	2.5
	18	0.5	2.7
	20	0.5	2.9
	25	0.6	3.2
	30	0.6	3.4
苯	0.5	0.01	0.02
	1.0	0.02	0.05
	1.5	0.04	0.10
	2.0	0.06	0.16

分析质量控制样品,如果碳五和碳六烷烃区域内极限升高,或者碳四和碳六的峰之间存在额外峰,表示烯烃穿透至烷烃区域内。如果观察到有穿透的存在,改变烯烃吸附阱的温度。如有必要,更换吸附阱。

如果一部分碳四到碳六的烯烃和碳七到碳十的烷烃的峰在碳七区域内,改变烯烃吸附阱的温度。如有必要,更换吸附阱。

烯烃的载荷极限和烯烃吸附阱的状况有关,老化的吸附阱无效。使用质控样品检验烯烃的载荷能力。

用质控样品确认氧化物定性分析和定量分析的有效性,如满足不了要求,可以改变乙醇吸附阱和EAA吸附阱的温度,或者更换柱子。

重新分析系统的校正测试混合物,若质控样品不能达到期望值,需重复分析系统校准测试直到满足要求。

第三节　非烃类组成的测定

石油中含有氧、氮、硫等元素,虽然含量不多,一般是百分之几到万分之几,但它们均是以非烃化合物的状态存在的,其分布一般是随着石油馏分沸点升高而增加,主要集中在渣油以及重油的二次加工的产品中。它们的存在对石油加工(例如,能引起催化剂中毒)、石油产品的使用性能(例如影响油品的安定性)

以及设备腐蚀都有很大影响。在石油加工过程中,绝大多数的精制过程都是为了解决非烃化合物的脱除问题。因此,首先必须对石油中含有的非烃化合物的组成有所了解,建立相应的测定方法。然而这类化合物结构复杂,它们大多数存在于重质油中,其分离和鉴定都是一个难题。

目前,一般对二次加工的汽油中的非烃类,还可以进行单体非烃组成的测定。而对于分子质量更大的非烃化合物,则只能作类型的测定。通常也是先用液固吸附色谱、离子交换色谱、凝胶渗析色谱、溶剂抽提等方法相互配合,按性质、按结构类型把非烃化合物分离出来,再采用气相色谱、红外、质谱、库仑等近代的检测手段,对其进行定性、定量的分析。不同产地的石油,其非烃化合物的类型和含量差别很大。所以没有一个常规的方法可以遵循,只能按照不同的石油的特点,不同的分析对象,拟定一个分离鉴定的方法,使大多数含氮、含氧或含硫的杂环化合物与烃类及其他含硫等化合物分开,尽量使各种类型的化合物集中在少数几个分离后的组分中,使每个分离后的组分只含有少数的杂原子化合物。以便使后继的鉴定工作易于进行。

下面按分离鉴定的对象和目的的不同,介绍几个典型的测定方法。

一、重油馏分中非烃组成的测定

该方法是按重油中非烃组分的酸碱性不同,把其分成酸、碱和中性氮化物,而其中的烃类可分为饱和烃、单环、双环、多环芳碳等,共计七个组分。而已分出的烃类化合物还可以经凝胶色谱再分为窄馏分,并进一步作质谱或其他分析。其分离流程见图1-52。

首先,把油样的环己烷溶液加入装有阴离子交换树脂的色谱柱中,用环己烷冲洗,得到脱酸馏分,然后分别以苯、甲醇以及二氧化碳饱和的甲醇溶液冲洗,得到不同强度的酸性化合物;第二步是脱酸馏分进入阳离子交换树脂的色谱柱中,用环己烷冲洗,得到脱酸碱馏分,接着分别以苯、甲醇以及异丙胺的甲醇溶液冲洗,得到不同强度的碱性化合物;第三步是利用配位色谱分离中性氮化物。所用的色谱柱为下部装填阴离子交换树脂,上部装填载有三氯化铁的白土,其质量比为5∶7。当脱酸碱馏分的环己烷溶液加入柱子后,柱上由黄色变为绿色(或蓝色),表示中性氮化物和铁盐反应形成稳定的配价络合物。然后用环己烷冲洗,分离出烃类后,再改用1,2-二氯乙烷冲洗,络合物溶于1,2-二氯乙烷中。当这种溶液,流经大孔强阴离子交换树脂时被分解,由于配位体的交换反应使络合物离解,三氯化铁吸留在树脂上,中性氮化物随冲洗剂流出色谱柱;第四步是脱酸、碱、中性氮化物馏分通过氧化铝-硅胶双吸附剂色谱柱,依次用正庚烷、正庚烷+5%苯、正庚烷+15%苯、甲醇+25%苯+25%乙醚、甲醇等溶剂冲洗;分离为饱和烃、单环芳烃、双环芳烃、多环芳烃等组分。这就是 USBM-API 美国矿务局、美国石油学会制定的用以研究试样馏分的七组分分离法。本法可用于分离重质馏分油和渣油。用于渣油分离时，还要先用正戊烷(或正庚烷)沉淀沥青质后，得到的脱沥青油，再做色谱分离。

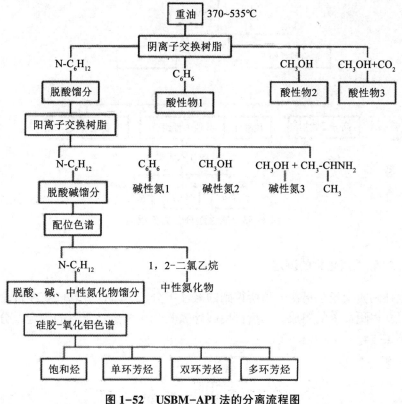

图 1-52　USBM-API 法的分离流程图

上述方法得到的各个组分，是按酸、碱性分离的，从化学结构的观点看，分离效果很差，如果要获得确切的定性、定量数据，还需要做进一步的鉴定，现叙述如下。

(一)含氧化合物(酸性氧化物)的测定

将阴离子交换树脂分离后的混合酸性组分用凝胶渗析色谱法(GPC)进行分离，得到的含酚组分继续用碱性氧化铝分离，可得到满意的结果。其分离流程见图 1-53。

由于羧酸在溶液中形成二聚物，所以能用 GPC 法与其他酸性组分分离。其他酸性组分用碱性氧化铝吸附色谱分离。用三氯甲烷、乙醇和 85%乙醇溶液能依次冲出咔唑、酚类和酰胺类化合物。此外,GPC 柱子还流出极少量的离子交换色谱法分离时带来的芳烃。用红外光谱法可以检测出分离前后的混合酸性组分的特征吸收峰。

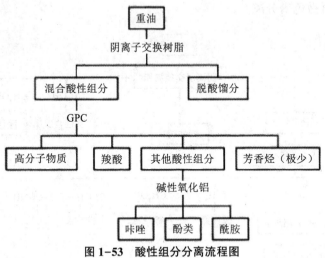

图 1-53　酸性组分分离流程图

(二)碱性氮化物的测定

上述离子交换色谱法分离所得到的碱性组分,若作进一步分离,在每个组分中便可获得更简单的组成。然后再用红外吸收光谱作定性定量的测定。分离流程见图 1-54。

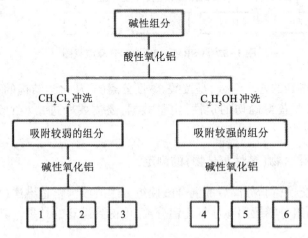

图 1-54　碱性氮化物分离流程图

例如,把用阳离子交换树脂分离得到的碱性组分溶于环己烷中,然后用酸性氧化铝色谱柱分成两个组分,再使其分别通过碱性氧化铝色谱柱。依次用90%环己烷-10%二氯甲烷、二氯甲烷和无水乙醇冲洗,得到6个亚组分。同理,在测得组分的平均分子量之后,如果能够做出与碱性氮化物组分主要官能团类似的标准物质的红外吸收光谱图,算出它们的表观积分吸收强度,根据贝尔定律可计算出各种官能团结构的大致含量。

(三)含硫化合物的测定

由于重油馏分中含硫化合物与芳香族化合物的极性非常接近,所以难以用色谱法分离。这时可以把硫化物氧化为砜或亚砜。由于砜和亚砜的极性比芳香烃强得多,所以易于分离。然后进一步用近代仪器分析方法鉴定。

二、焦化汽油中非烃组成的测定

石油中的非烃化合物,在常减压蒸馏后,大部分集中在重油和渣油中。重油和渣油二次破坏加工时,它们便裂解成低分子的非烃化合物,进入汽、柴油馏分中,是二次加工油品不安定的主要原因。为了对焦化汽油安定性进行研究,有必要对其中非烃组成作定性定量的测定。下面是胜利焦化汽油中硫醇、硫酚及氮化物分离测定的例子。

(一)溶剂萃取分离

采用氢氧化钾-双甘醇-水(50∶10∶40)作为酸性组分的萃取剂,2%硫醇-甲醇(10∶500)作为含氮化合物的萃取剂,其中硫醇硫的总量可以用硝酸银电位滴定法测得,碱性氮总量可用高氯酸电位滴定法测得。

(二)气相色谱法测定

(1)硫醇、硫酚的定性、定量分析。选用填充柱(3.5 m×4.0 mm),固定相为5%聚乙二醇、丁二酸酯,60~80目6201担体;氢火焰离子检测器;程序升温,硫醇和硫酚能有效地分离。主要是采用已知样品对照定性和在5%硅油柱上作双柱定性,并以峰面积定量。在所获得的20多个3~8碳的硫醇中,已定性的只有苯硫酚、异丙硫醇等9个化合物,还有11个组分未能定性。

(2)酚类的定性、定量分析。分离所得的酸性物质,以0.1 mol/L硝酸银除去硫醇和硫酚,然后使酚类与六甲基二硅胺烷反应,转化为酚类的三甲基硅醚衍生物,再用涂有磷酸三甲酚脂的毛细管柱进行分析。采用已知样品对照和参考有关文献结果定性,归一化法定量。

（3）氮化物的定性定量分析。采用色谱固定液为 10% 的聚乙二醇 20 000+2.5% 氢氧化钾的 3.5 m 的填充柱，可以使氮化物得到有效的分离，本法是用已知样品对照定性，并将苯胺类乙酰化生成相应的衍生物对照定性，用峰面积乘校正因子归一化法定量。分离得到 41 个组分，已定性的有 18 个组分，包括吡咯（4.7%）、吡啶类（30.7%）、苯胺类（4.5%）、喹啉类（0.8%）。除吡啶类氮化物比较安定外，其他的苯胺类、吡咯类、喹啉类氮化物都易被空气氧化变色，生成黑色沉渣，其存在是焦化汽油不安定的主要原因之一。

三、石油馏分中硫化物的测定

不同石油中含有硫、氮、氧化合物的数量差异很大，因此，在实际测量中，应从需要出发，没有必要对油中各种非烃化合物做全面的测定，而是有针对性地测定某一种非烃化合物的含量。下面将讨论石油馏分中不同的非烃化合物的测定方法。Martin 等曾提出气相色谱与微库仑法联合测定石油馏分中硫化物的分布。该方法是将试油直接进入非极性色谱柱，其中的硫化物按沸点分离，接着被分离的硫化物依次进入库仑仪的燃烧管中，各组分相继燃烧生成二氧化硫；然后进入滴定池，用电生碘离子滴定，该方法的优点是试油中的硫化物不必预先分离。这是由于库仑检测器对硫化物响应，而对烃类不响应这一特点决定的。

测定方法是选用长 6.1 m，内径 4.76 mm 的色谱填充柱，固定液是 SE-30，担体是 30~60 目 Chmmosorb W（经酸、碱洗后），柱子程序升温从 60℃ 至 400℃，载气为氮或氩气。用本法曾对中东石油加工得到的汽油、焦化石脑油、轻质催化循环油、煤油等中的硫化物进行了测定。

四、石油馏分中氮化物的测定

我国石油氮含量较高，世界上石油平均含氮量约为 0.1%，而我国石油含氮量大都在 0.3% 以上。其中高升石油氮含量高达 1.06%。由于含氮化合物会使催化剂中毒失效，对于油品的安定性有直接的影响，特别是对含氮高的石油，氮化物组成的研究更为必要。

国内近年来对柴油中氮化物的分析做过不少工作。例如，以胜利炼油厂生产的直馏柴油、催化裂化柴油、加氢精制催化裂化柴油为对象，用低电压质谱对 1 mol/L 盐酸抽提出的碱性氮化物进行类型分析，又用色谱/质谱分析验证了低电压质谱法进行类型分析的结果。

低电压质谱（15 eV）根据有机分子中含奇数个氮原子的化合物其分子峰为奇数的规则，对三个样品做出的低电压质谱图中为奇数的分子离子峰，作了类型归属。得到苯胺/吡啶系、喹啉系、氢化喹啉系、环戊喹啉/二苯胺系（直馏柴油无苯胺类)等化合物的定性结果。表 1-53 是 1 mol/L 盐酸抽提出胜利柴油碱性氮化物低电压质谱类型定性结果。

表 1-53   胜利柴油碱性氮化物类型

样品	化合物	通式	相对分子质量
催化裂化柴油	苯胺系/吡啶系	$C_NH_{2n-5}N$	107~191
	四氢喹啉系	$C_NH_{2n-7}N$	133~189
碱性氮化物	喹啉系	$C_NH_{2n-11}N$	143~185
	环戊喹啉/二苯胺系	$C_NH_{2n-3}N$	183~225
加氢精制催化	苯胺/吡啶系	$C_NH_{2n-5}N$	121~205
裂化柴油碱性	四氢喹啉系	$C_NH_{2n-7}N$	161~203
	喹啉系	$C_NH_{2n-11}N$	199
氮化物	环戊喹啉/二苯胺系	$C_NH_{2n-3}N$	183~211
直馏柴油碱性	吡啶系	$C_NH_{2n-5}N$	121~163
	四氢喹啉系	$C_NH_{2n-7}N$	161~245
氮化物	喹啉系	$C_NH_{2n-11}N$	157~241
	环戊喹啉	$C_NH_{2n-3}N$	211~225

对上述三个柴油样品作色谱分离曾得到 100 多个峰,对各组分定性是根据它们的质谱特性和质量色谱来完成的。结果鉴定出苯胺系、吡啶系、喹啉系、氢化喹啉系、环烷喹啉系、二苯胺系和苯并喹啉系等七类 100 多种化合物,并由色谱给出各个组分的定量结果。色谱条件是用 OV-17 涂层大孔径玻璃毛细管柱(50 m×0.4 mm),程序升温 120~220℃。经色谱分离催化柴油得 129 个峰,其中已定性 86 个峰。加氢精制裂化柴油得 116 个峰,其中已定性 81 个峰。直馏柴油得 105 个峰,其中已定性有 49 个峰。定量结果按化合物类型归纳于表 1-54 中。

表 1-54   三种柴油碱性氮化物色谱/质谱分析汇总

组成	催化柴油	加氢柴油	直馏柴油
苯胺系(质量分数)/%	71.57	57.50	—
吡啶系(质量分数)/%	2.52	5.91	10.86
喹啉系(质量分数)/%	15.60	16.19	45.6
未鉴定(质量分数)/%	10.31	20.40	43.54

低电压质谱法快速方便,但灵敏度较低,只能得到类型分析数据。色/质连用灵敏度高,且可得到单体氮化物的结果。实验表明,直馏柴油碱性氮化物中有吡啶系、喹啉系,无苯胺系。二次加工柴油碱性氮化物包括吡啶系、苯胺系和喹啉系,并以苯胺系为主。加氢柴油苯胺系比催化柴油中少。可以说明加氢精制

起到脱除苯胺的作用。

此外,又曾对胜利和加利福尼亚直馏柴油窄馏分中含氮化合物进行了比较详细的测定。

其方法以胜利柴油为例,把胜利直馏柴油(204~482℃)切割为16个窄馏分。用阳离子交换树脂分离各馏分的碱性氮化物。分析结果表明,氮化物含量随馏分沸点升高而迅速增加。胜利柴油馏分中沸点300℃以前的馏分含氮量只占全馏分氮含量的2%,且主要是碱性氮化物(约占总氮90%)。360℃以后馏分则主要为中性氮化物(约占总氮60%)。

轻柴油馏分中碱性氮化物的定性定量由色谱/质谱法进行,由单一化合物浓度按类型归并。重柴油中的碱性氮沸点较高,用毛细管色谱分离得不到满意结果,故采用低电压质谱法进行定性、定量分析。轻、重柴油馏分中碱性氮化物类型定量结果见表1-55。数据说明,美国加州和胜利柴油中碱性氮化物类型基本相同,轻柴油馏分中以烷基喹啉为主,重柴油馏分中则以苯并喹啉、烷基喹啉和四氢喹啉类、二氢喹诺酮为主。其中苯并喹啉的含量较轻柴油馏分高得多。

利用色谱与微库仑仪联用,测定油中有机氮化合物的类型分布,亦是一个好办法。例如国内有人用气相色谱/微库仑测定了胜利、任丘、江汉、南阳四种催化柴油的中性氮化物和碱性氮化物的类型分布。

表1-55 柴油馏分中的碱性氮化物

| 碱性氮化物类型 | 轻柴油馏分(204~360℃) | | | | 重柴油馏分(360~480℃) | | | |
| | 胜利 | | 加州 | | 胜利 | | 加州 | |
	占油/(ng·μL⁻¹)	占碱氮化物(质量分数)/%	占油/(ng·μL⁻¹)	占碱氮化物(质量分数)/%	占油/(ng·μL⁻¹)	占碱氮化物(质量分数)/%	占油/(ng·μL⁻¹)	占碱氮化物(质量分数)/%
烷基吡啶	62.3	6.10	183	8.40	350	10.6	500	8.62
四氢喹啉与二氢喹诺酮	130	12.7	370	16.9	815	24.7	1190	20.6
喹诺酮、吲哚	183	17.9	332	15.2	320	9.96	514	8.86
烷基喹啉	372	36.4	755	34.5	805	24.4	1670	28.8
环戊喹啉	58.7	5.80	83.8	3.80	250	7.59	512	8.83
苯并喹啉	149	14.6	95.0	4.30	733	22.2	1380	33.7
烷基咔唑	—	—	7.30	0.30	17	0.5	33.6	0.58
未鉴定	66.1	6.50	364	16.6	—	—	—	—
总计	1020	100	2190	100	3300	100	5800	100

柴油样品首先用1∶3盐酸抽提,将其碱性氮化物与中性氮化物分离,然后分别进样,以便测定碱性氮化物和中性氮化物的类型分布。色谱柱用不锈钢管,长8 m,内径4 mm,固定相为无规聚丙烯载在101白色单体上,并用3.5%的碳酸钾预涂,以消除担体上的酸性中心。加氢催化剂为Ni-MgO。库仑池测量电极为镀铂黑的钼片;参比电极是铅-硫酸铅电解电池;发生阳极和发生阴极为亮铂。池内为硫酸钠电解液。样品从色谱柱前注入,经分离定性后,所得各组分氮化物在加氢催化剂作用下,转化为氨,依次进入库仑滴定池,用电生氢离子滴定。测量补充氢离子所需电量,根据法拉第电解定律,即可求得各组分氮化物的含量。用归一化法得到相对含量。定性方法是采用纯标样定性、按碳数规律定性和选择性化学反应定性(用乙酐与苯胺作用使碱氮中原谱图内胺类峰形消失,则苯胺与喹啉类可鉴别开来)三者结合进行。催化柴油的碱性氮化物主要是苯胺类和喹啉类,中性氮化物主要是咔唑类和吲哚类。中性氮化物含量远高于碱性氮化物,前者为后者的3~5倍。同时,在这四种催化柴油中,各种氮化物类型占总氮的相对含量百分数基本上在同一水平。苯胺类占总氮9%~13%,喹啉类占总氮5.5%~10%,咔唑类占总氮45%~58.7%,吲哚类占总氮22%~30%。

五、石油馏分中氧化物的测定

石油中的氧化物常为有机酸性化合物,通常包括有酚类、环烷酸和脂肪酸类。一般认为,主要是环烷酸类化合物。但是,随着石油产地不同,其结构和含量都有很大的差别。国内有人针对辽河石油在加工时对常、减压蒸馏装置的腐蚀严重的情况,对辽河石油的石油酸的分布和组成进行了测定。方法是从该石油常减压蒸馏得到11个馏分中,用碱抽提出石油酸。对各馏分油及其石油酸的性质进行了测定,从而获得石油酸的分布数据。

测定各馏分中石油酸组成的方法,是将各馏分油分离出来的石油酸进行酯化反应,转变为相应的甲酯混合物,然后分别进行色谱-质谱分析。经质谱定性,已确定结构的化合物列于表1-56中。尚有部分化合物因无标准谱图未能确定结构。由表中甲酯的结构可推出各组分中石油酸的结构组成。测定数据表明,辽河石油中含石油酸0.34%,它们主要分布在常二线至减四线各馏分中。汽、煤油馏分中石油酸含量很低,随着馏分变重,石油酸含量增多,其分子质量增加,则酸性减弱。酸性较强的石油酸集中在常二线至减四线的馏分中。

表 1-56　馏分油及石油酸的性质

编号	馏分油名称	馏分油性质					石油酸分布		石油酸性质	
		占石油(质量分数)/%	中平均沸点/℃	d_4^{20}	酸值(KOH)/(mg·g^{-1})	酸值(KOH)/(mg·100 mL^{-1})	馏分中石油酸含量(质量分数)/%	石油酸分布(质量分数)/%	酸值(KOH)/(mg·g^{-1})	平均分子质量
1	蒸顶油	4.94	—	0.724 5	—	0.058	<0.0015	—	—	—
2	常顶油	2.20	—	0.726 6	—	0.12	<0.0025	—	—	—
3	常一线油	8.08	178.5	0.798 5	—	1.60	0.0125	0.301	—	—
4	常二线油	18.90	282.4	0.844 3	0.65	52.92	0.287	16.155	220.7	254.2
5	常三线油	3.55	372.3	0.877 5	0.96	—	0.554	5.872	167.8	334.2
6	常四线油	2.12	393.7	0.878 9	0.93	—	0.605	3.815	148.9	376.8
7	减一线油	3.22	321.3	0.879 5	0.94	—	0.524	5.037	192.9	290.8
8	减二线油	8.45	393.6	0.886 9	1.10	—	0.675	17.000	160.1	350.4
9	减三线油	9.71	427.6	0.904 5	0.77	—	0.603	17.466	125.3	447.7
10	减四线油	7.39	493.0	0.910 7	1.02	—	0.858	18.900	107.4	522.3
11	渣油	30.90	—	0.962 0	0.16	—	—	15.470	96.0	584.4

第四节　我国石油的特点

由于石油中烃类及非烃化合物的结构组成与比例不同,因此,组成是决定石油各馏分性质最本质最基础的因素。中华人民共和国成立以来,随着我国各新油田的不断勘探、开采和加工工业的发展,我国石油战线的科技工作者对各地的石油评价、组成分析都做了大量的工作,积累了大量数据,为合理利用石油资源提供了重要的依据。

一、我国石油的密度及直馏馏分的分布

石油的密度常用来表示石油的类别属于重质或轻质石油。但烃类的密度是不同的。密度相同的石油,若组成不同,则各直馏馏分的百分含量或实沸点曲线可能差别很大。因此,石油中各馏分的分布是极其重要性质。各种石油密度及直馏馏分分布的数据见表 1-57。表中数据说明,我国石油密度大部分在 0.86 以上,是属于偏重的石油。

表1-57　各油田石油相对密度及直馏馏分含量

编号	油田名称	相对密度 σ_4^{20}	汽油初馏~180℃（质量分数）/%	轻柴油180~350℃（质量分数）/%	重馏分油350~500℃（质量分数）/%	渣油>500℃（质量分数）/%
1	大庆(萨尔图)	0.861 5	8.0	20.8	27.1	44.1
2	大庆(喇嘛甸子)	0.866 6	8.7	18.7	28.7	43.9
3	扶余	0.856 5	7.7	20.6	31.9	39.8
4	胜利(混合)	0.900 5	6.1	19.0	27.5	47.4
5	胜利(滨南)	0.902 4	7.3	23.3	24 (350~480℃)	45.4(>480℃)
6	胜利(孤岛)	0.964 0	1.9	14.0	28.9	55.2
7	华北(雁翎)	0.890 2	1.5	21.3	33.9	43.3
8	华北(任丘)	0.883 7	4.9	21.1	34.9	39.1
9	华北(霸州市)	0.838 6	11.3	36.5	36.3	15.9
10	大港	0.882 6	7.8	27.1	36.4	28.7
11	东北一号	0.866 0	16.6	28.5	27.0	27.9
12	克拉玛依	0.870 8	12.2	28.0	27.4 (350~480℃)	32.4(>480℃)
13	克拉玛依低凝油	0.877 3	9.1	26.2	27.0	37.7
14	黑油山	0.914 9	4.0	21.8	28.6 (350~480℃)	45.6(>480℃)
15	南疆柯参1井	0.772 7	34.9	49.2	8.4 (350~420℃)	7.5(>420℃)
16	五七	0.873 5	10.0	24.5	20.5	45.0
17	玉门(老君庙)	0.866 2	12.3	29.2	25.2	33.2
18	陕甘一号	0.845 6	16.5	30.9	30.7	21.9
19	南阳	0.861 8	3.5	21.5	25.8 (350~480℃)	50.2(>480℃)
20	冷湖	0.804 2	37.9	38.0	6.0 (350~380℃)	15.5(>380℃)
21	河南一号	0.831 0	17.5	30.1	28.5	23.9
22	科威特	0.868 5(σ_{15}^{15})	18.1	25.3	21.1	32.2

编号	油田名称	相对密度 σ_4^{20}	汽油初馏~180℃（质量分数）/%	轻柴油 180~350℃（质量分数）/%	重馏分油 350~500℃（质量分数）/%	渣油>500℃（质量分数）/%
23	阿尔及利亚（哈桑买希）	0.808 1（σ_{15}^{15}）	31.0	30.2	27.3	9.6
24	印尼（米希斯）	0.848 3（σ_{15}^{15}）	11.9	27.2	27.6	33.G
25	美国（加州惠明顿）	0.913 0	15.1 初馏~200℃	20.0（200~350℃）	14.5（350~423℃）	46.0（>423℃）

我国石油多为石蜡基石油,含烷烃多,芳碳少,即使与国外密度接近的石油相比,也是汽油含量少(10%左右),渣油含量高(35%~50%)。例如科威特石油密度与大庆石油近似,但其收率较大庆石油高15%以上,渣油含量低12%;美国加州惠明顿石油密度很大(0.913),比胜利石油密度要大0.012,但汽油收率仍比胜利石油高。

二、汽油的组成

我国各地主要石油中直馏汽油的族组成数据见表1-58。表中数据说明,各主要石油中直馏汽油的组成不但正构烷烃含量高,而且环烷烃含量大部分都在40%左右(玉门直馏汽油除外),因此,虽然直馏汽油辛烷值较低,但经催化重整,则易于制取芳烃,且感铅性较好。

三、煤、柴油馏分的组成

各种石油的煤、柴油馏分的组成分析见表1-59。表中数据说明我国石油煤、柴油馏分含烷烃很高,其中正构烷烃含量占23%~41%(大港柴油正烷烃略少),而芳烃及环烷烃含量少。表1-60是各种柴油馏分中正构烷烃含量、石油凝点及石油蜡含量对照表。表中数据指出,陕甘一号石油及南疆柯参1号石油虽因含轻馏分多,所以含蜡量不很高,凝点也较低;但其中正构烷烃含量仍十分高。前者正构烷含量接近30%,后者含量超过50%。因此,与国外相比,我国柴油馏分的十六烷值较高,燃烧性能好,但凝点较高。航煤馏分的质量热值较高,但结晶点也较高,要进一步加工才能生产低结晶点的喷气燃料和低凝柴油。

表 1-58 汽油馏分的烃族组成

石油产地	馏分范围	烷烃(质量分数)/%		环烷烃(质量分数)/%	芳烃(质量分数)/%
		正构	异构		
大庆	60~145℃	38	15	43	4
	初~200℃	57		39	4
胜利	60~145℃	17.5	32.5	42	8
	60~180℃	49		42	9
任丘	初~145℃	56	42	2	
大港	初~145℃	18.6	22.5	47	12
	60~180℃	38		46	16
辽宁一号	初~145℃	35	54	11	
克拉玛依	初~200℃	58	33	9	
玉门	初~200℃	62	29	9	
南疆柯参1井	初~200℃	72.9	22.4	4.7	
科威特	40~200℃	70	21	9	
米纳斯	16~204℃	59	40	1	
美国加州惠明顿	50~210℃	35	54	11	
美国宾夕法尼亚	40~200℃	70	22	8	

表 1-59 煤油、柴油馏分的组成

组成	大庆 145~350℃ (质量分数)/%	胜利 145~350℃ (质量分数)/%	任丘 145~360℃ (质量分数)/%	陕甘一号 轻柴油 (质量分数)/%	大港 145~350℃ (质量分数)/%	雁翎 145~350℃ (质量分数)/%	米纳斯 177~350℃ (体积分数)/%	美加州 260~343℃ (体积分数)/%
烷烃	62.6	53.2	65.4	60.2	44.4	75.7	49	2
正构	41	23	30	29	—	37	—	—
异构	21.6	30.2	35.4	31.2	—	38.7	—	—
环烷烃	24.2	28.0	23.8	26.7	34.4	18.6	34.1	54
一环	16.4	19.6	17.4	15.8	20.6	15.1	14.2	18
二环	5.6	7.0	5.4	9.4	10.4	3.0	12.9	15
三环及大	2.2	1.4	1.0	1.5	3.4	0.5	7.0	21
于三环芳烃	13.2	18.8	10.8	13.1	21.2	5.7	17	44
一环	7.0	13.5	7.2	8.6	13.2	4.0	5.0	26
二环	5.3	5.0	3.4	4.3	7.3	1.6	10.0	16
三环	0.9	0.3	0.2	0.2	0.7	0.1	2.0	(噻吩类)2

表 1-60　柴油馏分正构烷烃含量及石油含蜡量

石油产地	石油			柴油正构烷烃（质量分数）/%		
	凝点/℃	含蜡量（质量分数）/%	200~250℃	250~300℃	300~350℃
大庆	31	25.8	38~39	35~41	42~43
胜利	28	14.6	12.9	20.0（240~300℃）	36.0
任丘	36	22.8	（200~240℃）	33.0（250~320℃）	—
雁翎	36	20.8	26.6（180~250℃）	39.4	36.6
陕甘一号	17	10.2	36.1	23.6	34.8
南疆柯参1井	6	5.8	28.1	53.4	47.6
米纳斯	32	20	54.7	—	—
科威特	−17.8	—			

四、减压馏分油的组成

减压馏分油常用作裂化原料或生产润滑油。表 1-61 为我国各地石油裂化原料油的性质及组成数据。表 1-62 为各种减压馏分油的族组成数据。表中数据说明，我国石油中 300~500℃ 馏分仍然是含蜡多、密度小、芳碳少、饱和烃多、含硫、氮低的特点（孤岛除外）。因此，是良好的二次加工原料。

表 1-61　裂化原料油的性质及组成

石油产地	大庆（混合）	胜利	大港	任丘	陕甘一号	克拉玛依（混合）	孤岛
收率占石油（质量分数）/%	30.36	27.0	36.4	34.9	31	28.6	28.9
沸程/℃	350~500	355~500	350~500	350~500	350~500	350~500	350~500
含蜡量（质量分数）/%	44.5	27	30	47~52	30	16	3.0
相对密度	0.858 2	0.887 6	0.889 2	0.869 0	0.872 6	0.885 2	0.936 1
残碳（质量分数）/%	0.016	—	0.07	0.061	—	—	—
结构族组成：C_P%	70.1	62	59.5	68	68.0	53~58	38
C_N%	20.2	25	26.1	20.5	17.5	30~35	38

续表

石油产地	大庆（混合）	胜利	大港	任丘	陕甘一号	克拉玛依（混合）	孤岛
C_A%	9.7	13	14.4	11.5	14.5	9~12	24
R_N	1.02	1.4	1.62	1.35	1.2	1.5~2.2	2.0
R_A	0.40	0.5	0.054	0.45	0.55	0.3~0.4	0.9
元素组成（质量分数）/%	0.08	0.47	0.13	0.27	0.08	0.11	1.31

表1-62　几种减压馏出油的烃族组成数据(质谱法)

物质	柯参1井 350~400℃	任丘 蜡油	胜利蜡油 减四线	霸州市混合油 350~500℃	米纳斯 343~427℃	米纳斯 427~510℃	美国加州	
							343~427℃	427~510℃
链烷烃	62.2	42.7	31.9	38.0	53.1	44.5	2	3
总环烷	34.2	34.4	36.0	40.5	36.2	45.2	44	53
一环环烷	17.6	5.3	10.0	10.1	17.0	23.0	9	5
双环环烷	8.6	4.4	10.9	8.4	6.6	10.9	9	8
三环环烷	4.4	5.9	7.3	8.7	12.6	11.3	8	14
四环环烷	3.6	16.7	7.8	9.5	—	—	10	15
五环以上环烷	—	2.1		3.8	—	—	8	11
总芳烃	3.3	19.3	27.2	21.3	10.7	10.3	54	44
烷基苯	1.1	3.2	7.1	4.0	2.8	2.8	7	3
茚满	0.2	3.1	4.1	1.6	1.7	1.8	7	4
二环烷苯	0.3	2.8	3.1	1.7	0.8	0.9	5	4
萘类	0.1	1.9	2.6	0.5	3.4	2.8	12	10
多环芳烃	1.6	7.4	10.3	13.5	2.0	2.0	24	19
未鉴定	—	0.9						
噻吩类	0.3	0.4	0.8	0.4			4	4
胶质	—	3.2	4.2					

五、渣油的组成

　　几种石油大于500℃渣油中四组分的分析结果见表1-63。表中数据说明，我国大部分渣油的沥青质含量极少(孤岛石油除外)。与国外胶质量接近的渣油比较,我国渣油的沥青质/胶质的比值很小,且 C/H 比值较低。这有利于渣油的深度加工,但不利于直接生产沥青。

表 1-63　渣油的组成

组成	饱和烃(质量分数)/%	芳香烃(质量分数)/%	胶质(质量分数)/%	沥青质(质量分数)/%	沥青质/胶质	碳(质量分数)/%	氢(质量分数)/%	碳/氢
大庆	36.7	33.4	29.9	<0.1	<0.03	86.6	12.5	6.9
胜利	21.4	31.3	45.7	1.6	0.035	85.5	11.6	7.4
任丘	22.6	24.3	53.1	<0.1	<0.02	85.45	12.08	7.07
孤岛	11.0	34.2	46.8	8.0	0.17	83.9	11.3	7.4
陕甘一号	41.4	31.4	27.2	0	0	—	—	—
大港	—	—	—	—	—	86.46	12.48	6.9
河南二号	34.3	33.7	32.0	0	0	86.3	12.4	7.0
米纳斯	57.5	28.8	11.0	1.4	0.13	86.3	12.4	7.0
科威特	16.9	52.8	24.0	6.3	0.26	83.5	10.3	8.1
委内瑞拉	7.8	34.0	41.8	16.4	0.39	82.5	10.4	7.9
国外减渣沥青一般组成	5~15	30~45	30~45	5~20	—	—	—	—

六、非碳、氢元素的含量

各种石油中非碳、氢元素的含量见表 1-64。从表中数据可知,我国大多数石油硫含量都很低。其中含硫较高的孤岛和江汉石油的含硫与世界各地石油比较,也还是它们的最高含量的 2/5。但含氮量偏高,大部分在 0.3% 以上。

我国石油的钒含量很低,镍含量略高。从表 1-65 中看出,我国石油中镍/钒比值较国外石油要高得多,所以二次加工中镍的影响较钒为大。另外,个别石油(例如大庆、吉林扶余)砷含量特别高,因此,对重整工艺影响较大。

综上所述,我国大部分石油具有以下特点。

②轻质油收率低,裂化原料及渣油收率高;

②石油中烷烃多,其中正构烷烃高。故此含蜡高,芳烃含量少,H/C 比值高;

③渣油中沥青质少,沥青质/胶质比值很小;

④含硫量低,含氮量偏高;

⑤钒含量低,镍含量中等,镍/钒的比值高。

表1-64 各地石油中非碳氢元素的含量

石油产地	硫(质量分数)/%	氮(质量分数)/少	钒/(ng·μL⁻¹)	镍/(ng·μL⁻¹)	铁/(ng·μL⁻¹)	铜/(ng·μL⁻¹)	砷/(ng·μL⁻¹)
大庆	0.12	0.13	<0.08	2.3	0.7	0.25	2 800
胜利101油库	0.08	0.41	1	26	—	—	—
孤岛	1.8~2.0	0.5	0.8	14~21	16	0.4	—
滨南	0.3	0.24	—	—	—	—	—
大港	0.12	0.23	<1	18.5		0.8	0.220
任丘	0.3	0.38	0.7	15	1.8	—	—
玉门	0.1	0.3	<0.02	18.8	6.8	0.46	—
克拉玛依	0.1	0.23	<0.4	13.8	8	0.7	—
五七	1.35~2.0	0.36~0.3	0.4	12.0	<1	0.5	—
雁翎混合石油	0.47	0	0.4	12 (雁24井)	50 (雁24井)	2	—
辽曙一区超稠石油	0.42	0.4	1.02	—	—	1.3	—

表1-65 各种石油中镍/钒比值

石油产地	钒/(ng·μL⁻¹)	镍/(ng·μL⁻¹)	钒/镍
大庆	<0.08	2.3	>28
胜利	1	26	26
孤岛	0.8	21	26.3
大港	<1	18.5	>18.5
任丘	0.7	15	21.43
玉门	<0.02	18.8	>940
克拉玛依	<0.4	13.8	>34
五七	0.4	12.0	30
霸州市	<0.1	1.3	>13
米纳斯	<0.4	10	>25
委内瑞拉	133	13	0.098
科威特	31	9.6	0.31
前苏联罗马什金	53.7	21.5	0.42
辽曙一区超稠石油	1.02	276.3	0.038

此外,我国还有少量性质比较特殊的石油,它们又可以分为两种。一种是轻质石油,如南疆柯参一号,霸州市陕甘一号,冷湖及河南(文留)等石油。另一种是低凝、高密度、高胶质石油。如黑油山及克拉玛依3号低凝石油,大港的羊三木石油及胜利的孤岛石油以及辽河油田曙光一区的超稠油,这些石油适宜于生产低凝产品或生产沥青。

第二章 石油及其产品的取样

第一节 石油产品手动取样

一、概述

本章主要介绍了抽取固定油罐、油罐车、小容器、油船盛装的和管线输送的均匀石油或液体石油产品的试样。如果被取样液体为在组分、沉淀物和水分上有明显差别的不均匀液体时,则所采取的样品没有代表性,它仅用于确定油料的不均匀程度和估计油品的质量与数量。

手工取样是进出口石油及产品最常用的取样方法,它的操作原理简单,器具投资少,现场取样无须辅助机械设施,最适宜抽取均匀的油料。在采集样品时,应严格按照 GB/T 4756—1998《液体石油手工取样法》、SN/T 0826—1999《进出口石油及液体石油产品取样法(手工取样)》或 ASTMD 4057—06 Manual Sampling of Petroleum and Petropleum Product 等石油产品试验标准方法对取样的要求进行。如果试验标准方法对采样有特殊要求,要单独采取油样。

石油产品的均匀性是指从油罐(船舱)中抽取的上部、中部、下部或出口部的点样,送到实验室并用相关标准方法测定其密度和水分。如果这些点样结果与其平均值的差值在表 2-1 规定的范围内,则可以视为均匀石油产品。

表 2-1 石油产品均匀性判断

	油品	差值/$(g \cdot cm^{-3})$
密度	透明,低黏度	0.001 2
	不透明	0.001 5
	水含量/mL	差值/mL
水分	≤1.0	0.2
	>1.0 且≤10	0.2 或平均值的 10%(取两者的较大者)
	>10	平均值的 5%

为获取具有代表性的样品,对于不同性状的石油及其产品,要使用适当的取样器具及正确的取样方法来进行取样。以手工取样方式抽取的液态、半液态或者同态石油产品,要求在常温下上述产品蒸气压不高于 101 kPa。对于抽取液化石油气、电绝缘油、液压油的样品和需要准确检测油料的挥发性、测定某些燃料油中痕量金属元素的样品,它们的取样方法与本章节所述略有不同。表 2-2 列出不同性状石油产品的不同手工取样程序。在石油产品贸易中,如果各方达成相互满意的协议,可以使用替代的取样方法,而协议应书面记录,并由授权人员签署。

表 2-2　取样操作程序适用范围

应用	容器类型	操作程序
液体(13.8 kPa<雷德蒸气压≤101 kPa)	储罐、船和驳船、铁路油槽车、油槽卡车	瓶子取样、取样器取样
液体(雷德蒸气压≤101 kPa)	装有龙头的储罐	龙头取样
液体的底部取样(雷德蒸气压≤13.8 kPa)	装有龙头的储罐	龙头取样
液体(雷德蒸气压≤101 kPa)	管道或管线	管线取样
液体(雷德蒸气压≤13.8 kPa)	储罐、船和驳船	瓶子取样
液体(雷德蒸气压≤13.8 kPa)	自由流体或卸货流	勺取样
液体(雷德蒸气压≤13.8 kPa)	圆筒、桶、听罐	管取样
液体的底部取样或取样器取样(雷德蒸气压≤13.8 kPa)	铁路油槽车、储罐	取样器取样
液体和半液体(雷德蒸气压≤13.8kPa)	自由流体或卸货流、开式罐或顶部敞开的锅、铁路油槽车、油槽卡车、圆筒	勺取样
石油石油	储罐、船和驳船、铁路油槽车、油槽卡车、管线	自动取样、取样器取样、瓶子取样、龙头取样
工业芳烃	储罐、船和驳船	瓶子取样

二、技术要求

用于测试的样品,尽可能地代表被取样的油品,必须给出其技术要求。这些技术要求根据液体的特性、被取样的油罐、容器或管线和对样品所进行的试验的性质而定。

在许多液体手工取样应用中,待取样的油料若含有重组分(如游离水),它将与主要组分分离出来。此时,应具备以下条件,才可以取样。

（1）放置足够时间以使重组分充分分离和沉降。

（2）尽可能测定沉降重组分的液位，以便在该液位上抽取代表性样品，否则全部或部分的重组分将混入要测试的油料内。

（3）如果不能满足这些条件，建议采用自动取样系统来完成取样。

在取样过程中，取样设备必须是洁净的。因为在先前取样或清洁时任何遗留物质都会破坏样品的代表性，应用待取样的轻质油清洗样品容器。同时，油罐中物料的任何扰动都不利于代表性样品的抽取，所以先取样，后测油量，相关温度测量以及其他任何动作都会扰动油罐中物料。为避免油层的污染，取样应由上而下，按下述顺序进行：表面样、顶样、上部样、中部样、下部样、出口样、间隙样、全层样、底样、例行样等。各类样品及其注释见表2-3。

表2-3　各类型样品及其注释

样品类型	注释
表面样	从石油液体表面取得的样品
顶样	在距液体顶部表面150 mm处所抽取的一个点样
上部样	在石油液体的顶表面下其深度的1/6液面处所取得的样品
中部样	在石油液体的顶表面下其深度的1/2液面处所取得的样品
下部样	在石油液体的顶表面下其深度的5/6液面处所取得的样品
出口样	从油罐出口管底部油位处抽取的点样
间隙样	在油罐出口底部液面下10 cm处所抽取的一个点样
全层样	将带塞的取样器浸没到尽可能地接近排放液面，然后打开取样器，并以一定速率提升，使它在提出液面时充满取样器大约3/4
底样	从油罐、容器底部或管线最低点抽取的一个点样
例行样	以均匀速度将一个不带塞的取样器从油面上降到出口管底部的油面处，再把它提升出油面，使取样器从油中提出来时充满取样器大约3/4
单罐组合样	一个由各指定部位点样组成的混合物或由全层样、例行样组成的代表性样
多罐组合样	一个从几个装有相同品级油料的油罐或船舱中抽取的单个样或组合样的混合物。这个的混合物按各油罐或船舱油品的体积比例混合
组合样	一个按体积比混合的点样混合物。有些试验可以在混合前用点样进行，并取其平均结果

三、取样的操作

取样前，取样人员应完全了解取样方法。为了保证样品尽可能地代表被取样的油料，并适用于要求的试验，必须正确而清楚地确定取样和处理方法。当采取用于某些试验的样品时，需要特别地小心，并严格遵守正确的取样方法，以确保试验结果有意义。

在一般情况下,抽取作为品质检验所用的代表性样品,出口油品的取样地点在岸罐、油槽车和输油管线,如果能证明船舱是清洁的,也可以在输油结束30 min后从船舱中取样。进口油品的取样地点在船舱和输油管线。

手工取样分为油罐取样及管线取样两类,当接收或发运一批油品时,不是采用油罐取样就是采用管线取样,或者是两者都采用。使用这两种方法时,所取得的两组样品不应被混合。

(一)油罐取样

在实际运用中,油罐取样有从立式圆柱罐、卧式油罐、火车油罐车、汽车油罐车和带龙头油罐等容器中抽取代表性样品。

为了从一个内含物是静止的立式圆柱罐中采取代表性试样,通常采取上部样、中部样和下部样,并按规定方法混合,以制备一个单一的组合试样。必要时,也可以取3次以上试样,以取得代表性的组合样。

通常做法是从一个油罐中取3次试样。当罐内的石油或液态石油产品经初步地按上部样、中部样和出口液面样检查是明显的均相,而油罐的油均匀一致时,一个油罐的代表性试样通常是由等量的合并从油罐的顶液面到罐底的油面高度的1/6、1/2和5/6液面处所采取试样组合而成(对于石油和重质油等,应先放出底面游离水)。

如果通过试验发现油罐的内含物不均匀时,则必须从多于3个液面处采取试样,可以抽取多点样、五点样、三点样、二点样、中部点样、全层样和例行样,并制备用于分析的组合样。如果掺和会削弱试样代表性的话,则应单独地分析每个试样,并计算与组合样对应的组分。

卧式油罐只允许取点样,点样取样部位和单罐组合样的比例见表2-4。由单罐组合样按体积比混合成一批油料的代表性样品。

表2-4　卧式圆柱形罐取样说明

液深占罐直径百分比/%	取样油面占罐直径百分比,从底部计起/%			组合样成比例的份数/份		
	上部	中部	下部	上部	中部	下部
100	80	50	20	3	4	3
90	75	50	20	3	4	3
80	70	50	20	2	5	3
70		50	20		6	4
60		50	20		5	5
50		40	20		4	6

液深占罐直径百分比/%	取样油面占罐直径百分比，从底部计起/%			组合样成比例的份数/份		
	上部	中部	下部	上部	中部	下部
40			20			10
30			15			10
20			10			10
10			5			10

对于火车油罐车和汽车油罐车，可以在罐内油品深度 1/2 液面处采取试样作为代表性试样。

龙头取样是在装有合适取样龙头的油罐中抽取雷德蒸气压≤101 kPa 的液体样品。本章节推荐从吸顶式、气球顶式、球形等罐中抽取挥发性储油的样品（如果油罐没有装取样龙头，可以从玻璃液面计的排出活栓取样）。有关取样龙头的要求见表 2-5。

表 2-5　取样龙头的要求

罐容积/液位	取样要求
罐容积≤1 590 m³	
液位低于中部龙头	全部样品取自下部龙头
液位高于中部龙头并接近中部龙头	从中部龙头及下部龙头取等量样品
液位高于中部龙头并接近上部龙头	从中部龙头取全部样品的 2/3，并从下部龙头取全部样品的 1/3
液位高于上部龙头	从上部龙头、中部龙头及下部龙头取等量样品
罐容积>1 590 m³	从全部浸没的龙头取等量样品，要求最少 3 个龙头代表不同体积

(二)船舱取样

船舱取样应在装货后或在卸货前进行。在一般情况下，船舱应视为油罐，容量在 2 000 m³ 以上的船舱，取样时不可丢弃。在取样前，首先了解货物的装载情况，要核实货物的品名、产地、数(重)量、装船方法以及是否充装惰性气体等。

抽取充装惰性气体船舱的样品，取样前放空舱内的惰性气体，待舱内气压接近常压时取样，取样时使用清洁的抹布封堵取样口，防止油滴随上升气流飞溅。在不能排放惰性气体的情况下，使用蒸气闭锁装置取样。

对于船运的油料在确定为均匀后，其装油舱在 4 个舱以下的，全部取样。超过 4 个舱的，按总舱数的 60% 取样，但应不少于 4 个舱。铺装舱可按总舱数的一半计算取样舱数，但不应少于 4 个舱。取样舱要合理布局，要在左、中、右及分装时的先后次序中确定。对于不均匀油料，装油舱在 10 个舱以下的应逐舱全部取样,10 个舱以上的按总装载舱数的 75% 取样。分装舱取样必须包括首装舱和末装舱。铺装舱可按总舱数的一半计算取样舱数。取样后按每个舱油品的体积比混合成代表性样。

(三) 槽车取样

油槽车的油料取样应在装车后或在卸车前进行。整列槽车装有相同品级的均匀石油产品,按槽车数的 30% 取样,但不应少于 4 车,还必须包括首车或末车,可在槽车油品深度内的中部取点样。对于不均匀液体石油产品,按表 2-4 规定取点样或取全层样、例行样。

(四) 手工管线取样

管线取样分为手工管线取样和自动管线取样。如要监管输油过程,自动管线取样比手工管线取样更好。自动管线取样不能正常操作时应手工管线取样顶替,手工管线取样也可取到代表性样品。

而手工管线取样可分为流量比例样和时间比例样。推荐使用流量比例样,因为它和管线内的流量成比例。两种取样方式均在适宜管线取样器中进行,取样前,要用被取样的油料冲洗样品管线和装有阀的连件。

对于输油管线中输送的油料,应按表 2-6 规定从取样口采取流量比例样,且将所采取的样品以相等体积掺和成一份组合样。

表 2-6　流量比例取样

输油数量/m^3	取样规定
≤1000	在输油开始时和结束时各 1 次
1 000~10 000	在输油开始时 1 次,以后 1 000 m^3/次
>10 000	在输油开始时 1 次,以后 2 000 m^3/次

注:①输油开始时,指罐内油品流到取样口时;
　　②输油结束时,指停止输油前 10 min。

对于输油管线中输送的油料,应按表 2-7 规定从取样口采取时间比例样,且将所采取的样品以相等体积掺和成一份组合样。

(五) 勺取样

勺取样适用于抽取雷德蒸气压 ≤13.8 kPa 的液体和具有流动性或放出液流时有流动性的半液体,如在直径 ≤50 mm 的装油和运油管线以及桶、包装、听罐的装油容器取样。

表 2-7 时间比例取样

输油时间/h	取样规定
≤1	在输油开始时和结束时各 1 次
1~2	在输油开始时,中间和结束时各 1 次
2~24	在输油开始时 1 次,以后 1 h/次
>24	在输油开始时 1 次,以后 2 h/次

注:①输油开始时,指罐内油品流到取样口时;

　　②输油结束时,指停止输油前 10 min。

(六)整批包装取样

从足够数量的单个包装中取样,制备能代表整批包装的组合样。随机任取包装的数目取决于若干实际的考虑。常用管取样方法,它适用于圆筒、桶、听罐中雷德蒸气压≤13.8 kPa 的液体及半液体的取样。从容量为 20 L 或更大的容器中取样,使用按比例缩小的取样管,对于容量<20 L 的圆筒、桶、听罐,应将全部内容物作为样品,按表 2-8 规定的数量随机取样。

表 2-8 整批包装最小取样数量

批中包装数量	要取样的包装数量	批中包装数量	要取样的包装数量
1~3	全部	217~343	7
4~64	4	344~512	8
65~125	5	513~729	9
126~216	6	730~1 000	10
1 001~1 321	11	3 376~4 096	16
1 332~1 728	12	4 097~4 913	17
1 729~2 197	13	4 914~5 832	18
2 198~2 744	14	5 833~6 859	19
2 745~3 375	15	≥6 860	20

四、常用取样器

(1)竖管取样器,如图 2-1 所示。不允许从无空隙的竖管内取样,其中的物料通常不能代表油罐中该位置的物料。竖管取样只可以从带有至少两行互相交错长孔的竖管内进行。

(2)抽取界面样装置,如图 2-2 所示。用于抽取在储罐、铁路槽车、油槽卡车、油船、驳船中,其蒸气压≤101 kPa 物料的样品。

(3)瓶子/杯子取样器。用于抽取在储罐、铁路槽车、油槽卡车、油船、驳船中,其蒸气压≤101 kPa 物料的样品。取样时油料应为液体,固体或半液体可加热液化后取样。

图 2-1　竖管(有重叠的插槽)

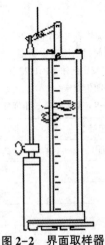

图 2-2　界面取样器

　　由于油料的发送与储存方式不同,而需要采取样品的类型不同,取样最终目的是确定所取样部位的样品能否代表整批油料。

　　(4)例行或全层取样,是一个加重的或放在加重的取样笼中的容器,如需要时,可装有一个限制充油配件。在通过油品降落和提升时取得样品,但不能确定它是在均匀速率下充满的。例行或全程样可能代表性不好,因为油罐体积与其深度不成比例,操作人员提升取样器的速度与取样瓶填充油料的速度不成比例。一般地,取样瓶填充油料的速度与油料深度的平方根成正比。

　　(5)龙头取样装置,如图 2-3 所示。用于抽取在油罐中蒸气压≤101 kPa 并设有合适的龙头取样装置的样品。此方法推荐使用吸顶式、气球顶式、球形等罐中挥发性储油的样品(如果油罐没装有取样龙头,可以从玻璃液面计的排出活栓取样)。

　　(6)底部取样器。降落到罐底时通过和罐底板接触能够打开阀或类似的启闭器,而在离开罐底时能关闭阀或启闭器的取样器。

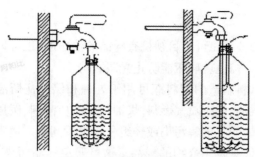

图 2-3　龙头取样装置示例

（7）延伸管取样装置。仅用于抽取油轮、驳船底或岸罐底水的样品。

（8）手工管线取样器。由一个适当的管线取样头与一个隔离阀组成。它应有一根输油管，其长度能达到样品容器的底部。

（9）气体闭锁取样器。这种装置用于从压力罐，特别是从使用惰性气体系统的那些油罐中采取样品。它有一个装在阀顶的气密外壳与罐连接。装在取样笼中的样品容器或特殊取样器通过气密窗拴到降落齿轮上。然后关闭窗户，打开顶阀，将样品容器或取样器降落到油品中要求的深度，充装样品，将取样器升起。在通过窗户取出取样器之前，要先关闭阀。

（10）勺取样器。用于抽取雷德蒸气压≤13.8 kPa 的液体及具有流动性或放出液流时具有流动性的半液体，如在直径≤5 cm 的装油和运油管线以及桶、包装、听罐的装油容器取样。

五、样品容器

（一）对容器的要求

样品容器有各种形状、尺寸与材质。要想选择合适的容器，就必须了解待取样油料的特性，以保证待取样的油料和容器之间不会相互作用，否则会相互影响。选择样品容器的另一个因素是样品从容器转移之前，需要混匀样品的方式以及要对样品进行测试分析的方式。无论使用何种样品容器，样品容器应足够大，所装样品不能超出容积的 80%，其余的容积是为样品的热膨胀所需，且易于混匀。容器设计的一般原则为：容器的底部应向下朝出口连续倾斜，以保证样品全部排出，无低凹处或者堵死处。内表面不腐蚀、不长垢、不黏附水分及沉淀物。应有足够大小的检视塞盖，便于装料、检视及清洁。容器应设计为既能制备均匀样品，又不损失任何成分，以免影响样品的代表性和分析测试的准确性。容器应设计为能使样品从容器转移到分析仪器时，确保其代表性。

(二) 常用容器

玻璃瓶:透明的玻璃瓶可以目视检查样品的洁净度,也可以目视检查样品的游离水和固体杂质。棕色玻璃瓶能防止光照影响。

塑料瓶:合适材料制造的塑料瓶可用于处理和储存瓦斯油、柴油、燃料油和润滑油,不应用于汽油、航空喷气燃料、煤油、石油、白酒精、医用白油及特殊沸点的产品。除非试验表明其溶解污染或轻组分损失没问题。通常使用直链聚乙烯制成的容器储存液体碳氢化合物的样品。这可避免样品污染和样品瓶的损坏。因为用过的发动机油样品会溶解塑料,这种油不能用塑料瓶储存。塑料瓶的优点在于不像玻璃瓶易破碎、金属瓶易腐蚀。

金属罐:使用金属罐时,只允许在其外表面有焊缝,并用松香在合适的溶剂中做焊剂。这种焊剂容易被汽油清洗,而其他的不然。微量的焊剂会污染样品,在测试介电强度、抗氧化性、沉积物时得到错误的结果。内衬环氧树脂的罐会有剩余污染,必须做好预防措施。

容器的密封:软木塞、塑料或金属的螺旋帽可用于玻璃瓶。软木塞必须质量好、清洁、无孔洞,没有松散的软木碎渣。决不能使用橡胶塞。为防止软木塞接触样品,在使用时,要用锡箔包裹。金属容器只能用螺旋帽,使之密封不漏气。玻璃塞必须是完全吻合的。螺旋帽必须用锡箔或铝箔或其他不会影响石油和石油产品的物料贴面来防护。样品用于密度测试而样品容器应用螺旋帽塞。

(三) 容器的清洗方法

样品容器必须是清洁的,没有如水、灰、棉绒、洗涤剂、溶剂油、焊剂、酸、油等污染物,重复使用的瓶或罐必须用合适的溶剂清洗,要清除微量杂质必须使用去游溶剂。

按照下列步骤清洗:首先用浓肥皂液洗涤,用自来水彻底冲洗,用蒸馏水冲洗,最后用清洁的暖空气流干燥容器,或把容器放入无灰尘的40℃或更高温度的烘箱中干燥,干燥后,立即用塞或帽封好。新容器通常不需清洗。根据实际情况,样品接收器与取样器都要用肥皂水清洗。但是在很多情况是不现实的,不能像上述瓶和罐用肥皂水清洗样品接收器。在使用期间,管线和容器及接收器样品的完整性是保证的。

六、注意事项

(1)用于处置试样的所有取样设备、容器和收集器都必须不渗漏、不受溶剂作用。必须具有足够的强度,经得起可能产生的正常的内部压力,或者配有安全阀,并要足够坚固,可以经得起可能遇到的错误操作。

(2)取样前,需用待取油料分别冲洗取样器和取样瓶。取样时,降落取样器,直到其口部达到要求的深度,用适当的方法打开塞子,在要求的液面处保持取样器直到充满为止。在不同液面取样时,从顶部到底部依次取样,避免扰动下部液面。

(3)汽油、煤油、柴油、喷气燃料、车用乙醇汽油及润滑油可采用 ASTM D4057 GB/T 4756 标准中规定的取样器。不允许用铁制取样器采取试样,其中喷气燃料不能用铜质取样器,变性燃料乙醇要采用特制的不锈钢取样器。在上述情况中,试样应直接取到准备好的容器中,而使用的辅助设备、取样绳等应不会污染试样。

(4)试样容器应留出在以后处理试样时所需要的至少10%无油空间,然后,立即用塞子塞上容器,或者关闭收集器的阀。如果要从试样容器中倒出一些油品以得到10%的无油空间时,尤其是在有游离水或乳化层存在时,应特别注意,因为它会使试样成为无代表性的试样。

(5)试样容器在充满和封闭以后,应立即严格检查有无渗漏。

(6)从实际取样操作到做试验之间,一个容器到另一个容器的样品中转次数应减到最少。轻质烃的飞溅损失、水分的黏附损失或来自外部的污物会使结果不真实,例如密度、水杂物、产品透明度等,容器之间转移越多,这些问题产生的可能性就越大,有关样品处理与混合的补充资料见相关的标准方法。

(7)除了正在转移外,样品应保存在密封容器中,以避免轻组分的损失。样品在保存期间应避免光照、受热或其他可能出现的不利情况。

(8)如果样品不均匀(不同相),样品转移到其他容器或试验器皿中,必须按照油料的种类和合适的试验方法充分混匀,以保证所转移的那部分样品是有代表性的,小心操作,保证混匀,不致变动样品的组分,比如轻组分的损失。

(9)所抽取的试样,要分装在两个清洁而干燥的瓶子里。第1份试样送实验室作为分析之用,第二份试样留作仲裁试验时使用。在国际贸易中,进出口石油产品提赔有效期一般为1~2个月,所以实验室的留样期为3个月。

供仲裁试验用的试样要保存在干燥的、不受尘埃和雨水侵入的暗室内。

(10)试样容器应贴上标签,并用塑料布把瓶塞瓶颈包裹好,然后用细绳捆扎并铅封。标签上的信息有:a.取样地点;b.取样日期;c.取样人;d.名称与牌号;e.试样所代表的数量;f.罐号、船名;g.被取试样的容器类型和试样类型(如上部样、连续样)。

(11)如果试样是由公共运输设备发送的话,必须注意遵守有关规定。当使用吸收性的包装材料时,软木塞或塞子必须用纸、塑料布或塑胶帽覆盖,以防打开时污染试样。

（12）抽取高倾点油品的罐侧样或管线样时,为了防止凝固,有必要采取绝热措施,或者采用给取样连接件加热的方法。

（13）抽取挥发性产品的罐侧样或管线样时,当必须避免轻馏分损失,例如用于做蒸气压和蒸馏试验时,不应从最初的试样容器中转移或合并试样,而应用下列的取样步骤:①把试样容器冷却到适宜的温度;②使用一个在线冷却器,把试样冷却到需要的温度;③试样线路出口应设计成能在取样期间延伸到接近取样容器的底部;④如需要进一步冷却容器,应提供能将容器浸入冷却介质的装置;⑤试样容器密封之前,应使其保持冷却;⑥试样容器应倒置储存和运输;⑦容器的数目,应保持能有一个事先从未打开过的容器。

（14）当采取的试样准备用作胶质含量、氧化安定性或腐蚀（铜片）试验时,应使用方法要求的棕色瓶时,可以使用镀锌铁皮容器,但它们应清洁,并没有制造时使用的焊剂和其他化学品。当采取绝缘油和喷气燃料试样时,应避免使用黄铜或铜质的试样容器。

（15）当需要大量的油罐试样时,由于挥发性或其他原因,不能用合并多个少量试样来获得。可通过可行的方法（循环、罐侧混合器）彻底地混合油罐中的石油产品,在不同液面取样,并确证其均匀性。从罐侧取样活栓、循环泵出口阀或通过虹吸,用一个延伸到靠近容器底部的试样出口管来充满这个容器。

（16）取样时应注意安全,防止出现各类安全事故。

（17）要严格遵守进入危险区域的所有规则。在雷、电、雹、雨期间不取样。

第二节　石油及其产品自动取样

一、概述

对于石油的取样工作,手工取样与自动取样都具有一定的代表性。但作为管线输送石油来讲,自动管线样是按油品流过的时间或体积来抽取的,它代表了经过管线所输送的整批货物,是一种过程取样。而手工样是点取样,随机选择取样点,人为因素多,局限性大,尤其在抽取例行样或全程样时要求操作技术非常高,不易操作;当使用手工在船舱或储罐取样时,其做法是先用油尺及示水膏探明油品底部游离水的高度,然后撇开游离水层,在此高度之上进行取样。在确定游离水高度时,由于油品底层的不规则及乳化液的不均匀等因素干扰,因油水界面难以断定而容易产生误差。

在油罐或油舱中,从上部、中部和下部采取样品,分别测试其水分、密度,如果 3 个层面的结果超出表 2-1 的要求范围,则可判断此油料为不均匀。针对不均匀石油产品的取样,须从油罐的出口液面底部或油舱的底部到油料表面,以每米间隔抽取样品,或者抽取例行样及全程样,取样耗时多,工作量大,最后不一定能达到预期效果。实践证明,自动管

目前,石油液体自动管线取样方法的标准有 GB/T 27867—2011、SY/T 5317—2006、SN/T 0975—2000《进出口石油及液体石油产品取样法(自动取样)》、ASTM D4177—95 Automatic Sampling of Petroleum and Petroleum Products 等。

二、技术要求

为了从一管线流体中获得有代表性的样品,必须符合以下规则:

(1)对于油与水的非均匀混合物,其游离水及夹带的水必须均匀分散在取样点。

(2)采集并抽吸试样时,必须以流量比例的方式进行,可从总体中抽取有代表性的试样。

(3)抽吸的试样必须是恒定的体积。

(4)在试样接收器内保存试样时,必须不致改变试样的组成,必须尽量减少在接收器充注与储存中烃类蒸气的逸散。试样必须在初始容器中加以混合处理,以保证在送入分析仪器时,为一具有代表性的试样。

三、管线自动取样系统的基本组成

目前有两类自动取样系统,一种是将抽吸装置直接布设在主管线上,而另一种则将该装置布设在一试样回路中,两种系统都能提供有代表性的试样。

管线自动取样系统由以下各部分组成:位于取样点上游处的液流改善部分;一个直接从液流中抽吸所需试样量的装置;一个抽样工作站,包括流量比例试样的流量测量装置及控制试样总量的装置;一个供采集和储存所抽吸的试样体积的试样接收器,以及与系统有关的,一个试样接收器混合系统。被采集的石油与油品的独特性质,可能要求对单独的部件或整个系统进行保温或加热,或对两者均要求。

(一)液流的改善

液流的改善是对液流进行混合,以便能抽取到一具有代表性的样品,而取样器探头应安装在液流状况已经过恰当改善的管线内的某一点处。液流改善可使油料以足够的流速通过管线系统,或通过由主管线提供的混合器作补充混合。

含有游离或夹带的机械杂质与水分的石油,要求提供足够的混合能量,在取样点处产生均匀的混合物。石油产品通常都是均匀的,一般毋须作特殊的液流改善,但带有游离水分或从调合系统出来时,则不相同。

除非特别需要对油料的含水量另外取样,或取样器在调合导管的下游处,否则对于在取样处的油品可认为是均质的,不需对液流做附加的改善。

从陆上油罐或从油轮上泵出油料时,其中在短时间内可能会含有相当多的游离水。若泵送速率低,油水混合物有分层时会出现上述情形。此时,为获得有代表性的油品而作的液流状况改善可能并不充分。为最低限度减少此类情形,最重要的是使用一座无游离水的油罐,待泵送速率正常后,带有游离水的油罐可进行放油。另外,若取样器与装或卸油的位置之间有一段距离,则此两点间的管线要注满油。

(二)探头

探头为自动取样器伸入管线中的部分,它引导一部分流体至试样抽吸器。它的安装位置大致在管子取样区域的中央,占 1/3 管子横截面面积。探头口必须朝上,其本体外壁应按照液流方向做出标记,以供核对其安装是否正确。经过恰当的液流调整改善,探头处于良好混合的区域内。此地点通常在管件下游 3 ~ 10 倍管径处,距静态混合器为 0.5 ~ 4.0 倍管径,距由动力驱动的混合器为 3 ~ 10 倍管径。当使用静态或动力驱动的混合器时,应就探头的最佳安装位置与制造厂商量决定。

如果进行液流改善时采用一直立的环形管,此时,应将探头置于环形管的下游截面中,以便获得由 3 个 90°弯头对液流提供的附加改善。探头应置于顶部弯头下游至少 3 倍管径处,在最后出口弯头上游,距此弯头 ≥1/2 倍管径。由美国石油学会(API)组织进行的试验表明,将探头安装在单个 90°弯管下游处将不利于进行液流的改善,因而不推荐使用。

探头的机械设计应与管线的操作条件与取样的流体相容。有 3 种基本设计。探头的开口应在管线的中央 1/3 截面积处。探头的封闭端装有一敞开的孔口。一朝上的小半径弯头或弯管,探头末端应沿其内圆倒角,以获得一尖锐的进口。将管子切出 45°角,此角度朝上。

(三)取样频率

对于任何输油,最佳的取样频率是在设备抽吸频率和每次抽吸量的限度内最大的抽吸数。抽得的试样应有足够的体积,以便混合和做品质分析,而又不使试样接收器溢出。

(四)抽样工作站

1.自动取样部件

抽吸器:自动油品抽吸器为从流动介质中抽吸试样的装置,它可能是探头的一个必备部分。试样抽吸器应抽吸一恒定的油量,此油量在操作条件与取样率范围内,其重复性在±5%以内。

控制器:试样控制器为控制试样抽吸器操作的装置,控制器应可对取样频度加以选择。

2.取样器的定频

如果可能,应使用外输流量计来确定取样器的取样频率。当使用多个流量计计量流量时,应当用综合的总流量信号来调整取样器,或者在每一个仪表计量段上装设单独的取样器。每一个仪表计量段上的试样必须视为全部试样的一部分,且它占全部试样中的比例和该仪表油量与全部油量之比相同。

若外输是通过油罐来进行计量,则流量的信号应送至试样控制器,此信号由一额外安装的特殊流量计给出,此仪表对该部分总油量的测试精度为±10%或更好一些。

时间比例取样是在整个输送过程中,以均匀的时间间隔,从管线中抽取相同体积的试样。自动取样器最好与流量成比例进行取样,但如果流量变化在整个被测部分的平均流量±10%以内,也允许做时间均衡取样。

(五)主试样接收器

对油品接收器/储存器的要求是,它能在液态下保持油品的组成物。接收器有固定式及便携式,其储存量是固定的或可变的。若油蒸气的逸散会显著影响到油品的分析时,应采用储存量可变的接收器。其结构材料应与油品的组成物相匹配。

1.固定式接收器

固定式接收器可以处理油品至均匀混合物的功能,它的底部应向下朝排出口连续倾斜,以便于全部流体流出,内部须无空穴与死角,内壁应具最小腐蚀、结垢与黏着性。

为监视接收器的充注情形,使用视镜时,应便于清洗并使水不易留存。装设安全阀,其设定压力不得超过接收器的工作压力。同时有避免发生真空的装置,以使试样能自接收器内排出。装设压力表。在使用接收器时,应针对不利的环境条件加以保护。

当对高倾点或高黏度的油品取样时,接收器可能要作伴随加热或加以保温。

此外,也可以将它置于有加热与保温的套子中,注意保证外部加热不至于影响到油品完整性。

2.便携式接收器

除了具有固定式接收器的特点外,还具有重量轻和装有快速接头,便于与取样探头/抽吸器及实验室的混合器连接及拆卸等附加特点。

四、便携式取样器

便携式取样系统主要用在油轮上,有时亦可用在陆上,它与固定式取样系统的运作准则是相同的。当便携式取样系统用于油轮上时,由于实际操作难于核实其液流的改善情形,因此须加以小心。

(一)便携式取样器的特点

便携式取样器安装在油轮集合管与每个装/卸油臂或软管之间的一双端法兰管上,其中有试样探头/抽吸器及液流传感器。若每个取样器的抽吸头均相同,则可共用一个接收器。每个接收器都要装一控制器,此控制器须能记录全部取样的抽吸次数及所有的油量。油轮集合管的管线排列常会改变液流的分布,当液流传感器在油轮集合管的管线与流动条件下操作时,必须有相应的精度要求。

液流的改善是通过流速与探头前的管件进行的。为维持足够高的流速,在任一时间内,对操作中的软管,吊臂和管线数目须加以限制。

控制器可能被放置在油轮的甲板上,即通常被认为是危险的区域,若为电子型控制器,它应符合危险区的安全要求。对于高倾点或高黏性流体,特别是在寒冷气候下,由抽吸器至接收器的管线可能要采用有保温的高压软管或高压管。接收器应尽可能靠近抽吸器,以减少软管的长度。软管或管子的内径应 ≥ 9.5 mm,并且由抽吸器连续向下倾斜至接收器。由抽吸器至接收器的管线可能需加伴热线。接收器的充注应进行监测,以确保每个取样器操作正常。经常性目测、液面显示仪和称重法等,都被认为是可以接受的监测方法。

(二)便携式取样器的操作

便携式取样器是间歇性使用的,因而其试样探头、抽吸器和液流传感器等,每次使用后应加以清洗,以防堵塞。要求操作工必须保持取样环境进行充分的混合,从而得到有代表性试样。为符合此规范,要求船员与陆上人员共同合作。

在低流率期间内,如开卸、倒舱和清舱等,便携式取样器应通过限制在操作中的装油管线或软管数目来保持流量在每个液流传感器的额定工作范围以内。

卸油时,必须控制油轮隔舱的卸油顺序,以便在开卸时,游离水的排出量少于所装之油含有的全部水量的 10%。装油时,最好一开始从一个不含游离水的陆上油罐泵送,建议在打开油罐的仪表以前,单独或同时采用将水从油罐排走,或将此油罐一小部分泵送至另一陆上油罐的操作方法。

五、注意事项

(1)操纵在试样回路中的试样抽吸器的控制器,从主管线中的流量计接收其流量比例送配信号。在试样回路装置中,必须装设流量显示器。如果在试样回路内的循环停止,但取样继续进行,将得到无代表性的试样。应装设低流量报警器,以提醒操作人员出现流量减小。在试样回路中,任何情况下均不得在试样抽吸器的上游装设过滤器,因这样会改变试样的代表性。

(2)在使用管线自动取样器前,需将上一次残留在探头、样品接收器之间管线中油料清除干净,否则影响本次所取样品的代表性。可以通过使用待输送油料在输油中进行空转,经确认在输油管中的残油已被新油替换,即可开始输油、取样。

(3)对于不均匀油料的取样(如石油),在探头前需安装液流改善装置,使液流中水分、游离水、杂质与油料充分混合,以便能抽吸出一具有代表性的试样。

(4)为取到整个油料输送过程的样品,液流显示器(流量计)与样品抽吸器应同步启动、关闭。决不能将管线样与手工样混合作为代表性的试样。

第三节 石油产品样品前处理

为得到准确的检测数据,除了采取具有代表性的样品外,还需在检测前对样品进行适当的处理。表 2-9 列出检测前需进行样品处理的检测项目及样品处理方法。

表 2-9 检测前需进行样品处理的检测项目及样品处理方法

试验项目	试验方法	样品的处理
蒸馏	GB/T 6536、ASTM D86	天然汽油样品保持在 0~4℃,汽油样品保存在 0~10℃,煤油和柴油样品保存在室温下。样品若含水则重新取样
水溶性酸及碱	GB/T 259	将装入量不超过瓶内容积 3/4 的试样摇动 5 min。黏稠的或石蜡试样应预先加热至 50~60℃ 再摇动;当试样为润滑脂时,用刮刀将试样的表层(3~5 mm)刮掉,然后,至少在不靠近容器壁的 3 处,取约等量的试样置入瓷蒸发皿,并小心地用玻璃棒搅匀
水分	GB/T 260、ASTM D95	将装入量不超过瓶内容积 3/4 的试样摇动 5 min,混合均匀;黏稠的或石蜡的石油产品应先加热至 40~50℃,才进行摇匀

试验项目	试验方法	样品的处理
闭口闪点	GB/T 261、ASTM D93	试样的水分超过 0.05% 时,加新煅烧并冷却的氯化钠、硫酸钠或无水氯化钙脱水,取试样的上层澄清部分供试验使用
机械杂质	GB/T 511	将不超过瓶容积 3/4 的试样摇动 5 min,使其混合均匀。石蜡和黏稠的石油产品应先加热至 40~80℃,润滑油的添加剂加热至 70~80℃,然后用玻璃棒仔细搅拌 5 min
密度	GB/T 1884、ASTM D1298	高挥发性的试样在原密闭容器中冷却至 2℃ 或更低温度,中挥发性的试样(初馏点>120℃)在原密闭容器中冷却至 18℃ 或更低温度,中挥发性但黏稠的试样加热至试样获得足够流动性时的最低温度,非挥发性的试样(初馏点>120℃)在-18~90℃ 任何方便的温度,石油产品和非石油产品的混合物在(20±0.2)℃ 进行试验
运动黏度	GB/T 265、ASTM D445	试样若含水或机械杂质,必须经过脱水处理,用滤纸过滤除去机械杂质;对于黏度大的润滑油,可在加热至 50~100℃ 下进行脱水过滤
饱和蒸气压	GB/T 8017、ASTMD323	从油罐车或油罐中取样时,先用燃料洗涤开口式试样容器。然后将试样容器重新沉入罐内燃料中,应一次放入接近罐底就立即提出,要求将燃料装至试样容器的顶端。提出试样容器,立即倒掉一部分燃料,使试样容器所装的试样体积占容器内容量的 70%~80%,此时,立即用塞子或盖子封闭试样容器的器口。试验前,试样应冷却到 0~1℃
氧化安定性	GB/T 8018、ASTM D525	试样用直径 47~50 mm、孔径 0.8 pm 纤维素酯片过滤,装在金属桶或棕色瓶中,容器预先用三合剂(等体积甲醇、甲苯、丙酮混合均匀)洗涤,再用试样冲洗。试样避光保存,不得用塑料容器或软质玻璃材质的容器存放试样。如果试样不能立即试验,应用氮气加以保护,储存温度≤10℃,但不低于浊点,储存时间不超过 1 周
实际胶质	GB/T 8019、ASTM D381	若样品中存在悬浮或沉淀的同体物质,则充分混匀样品容器内盛装的物质,立即在常压下使定量的样品通过烧结玻璃漏斗过滤
颜色	GB/T 3555、ASTM D156	当试样浑浊时,可用多层的定性滤纸过滤至透明
颜色	GB/T 6540、ASTM D1500	若试样不清晰,可把样品加热到高于浊点 6℃ 以上或直至混浊消失,并在该温度下测定颜色。若样品的颜色比 8 号标准颜色更深,则将样品与煤油按 15:85 的体积比例混合。石油蜡需加热到高于蜡熔点 11~17℃,并测定该温度下的颜色
酸值	GB/T 7304、ASTM D664	当样品中有明显的沉淀物时,为使容器中样品的沉淀物全部悬浮起来,应将容器加热到(60±5)℃,然后把部分或全部试样通过 100 目筛网过滤,以除去大颗粒的污染

第三章　石油及其产品元素定量分析

元素定量测定方法很多,概括起来分两大类:分解定量法和非分解定量法。分解定量法是将试样在适当条件下分解,使被测元素转化为相应的单体或化合物。再采用重量法、滴定法、电量法、分光光度法或近代的仪器检测手段,对分解物进行测定。最后通过换算,求出待测元素的含量。非分解定量法一般不需要破坏样品,只要用某种射线照射样品,根据样品中各元素的原子结构对放射线的不同特性响应,即可直接测出待测元素的含量。

经典的元素定量方法常采用常量法和半微量法。样品用量一般在几十毫克以上,测定的时间较长。现在采用的电子天平、色谱、光谱、电化学法等先进技术,试样用量已降至几毫克,分析时间缩短,自动化程度大大提高。

石油产品分析包括石油及石油产品化学组成的分析和理化性质的测定两部分。石油及石油产品的理化性质与化学组成有密切的关系,为了深刻地认识石油及石油产品,必须研究其化学组成,而化学组成的基础是元素组成,因此首先应考察石油及石油产品的元素组成。本章讲述石油及石油产品元素的定量分析。不同产地的石油化学组成差别很大,但从元素组成上看,差别很小,组成石油的元素为碳、氢、硫、氮、氧及微量的金属与非金属。其中碳的含量占83% ~ 87%、氢含量11% ~ 14%,合计占96% ~ 99%,其余的硫、氮、氧及微量元素含量总共不过1% ~ 4%。石油中含有的微量金属元素最重要的是钒、镍、铁、铜、铅、钠、钾等;微量的非金属元素中主要有氯、硅、磷、砷等。

石油中微量元素的含量在10^{-6}或10^{-9}水平,用何种检测手段达到分析测试要求,应该特别注意。目前许多应用于石油及其产品中的先进技术和专用仪器,使操作达到自动化,分析结果的精密度也达到更高水平。

测定石油及其产品的元素组成,对研究它们的化学结构、催化反应过程的机理、加工方案的制定、环境治理、改善产品质量等方面,都有重大的意义。

第一节 碳、氢的测定

碳和氢是组成石油的理想元素,石油的氢碳比(氢碳质量比或氢碳原子比,记作 H/C 比)是反映石油化学组成的一个重要参数。对于烃类化合物来说,H/C 比是一个与其化学结构和分子质量大小有关的参数,随着石油及其产品中环状结构的增加,其 H/C 比下降,尤其是随着芳香环结构的增加,其 H/C 比显著减小。通过 H/C 比可以反映石油的属性,一般轻质石油或石蜡基石油的 H/C 比高(约 1.9),重质石油或环烷基石油 H/C 比低(约 1.5)。此外,H/C 比是一个与物质化学结构有关的参数,同一系列的烃类,其 H/C 比随着分子质量的增加而降低,烷烃的变化幅度较小,环状烃的 H/C 随分子质量的变化幅度较大;不同结构的烃类,碳数相同时,烷烃的 H/C 原子比最大,环烷烃次之,而芳烃最小;对于环状烃而言,相同碳数时,环数增加,其 H/C 原子比降低。H/C 比也影响着石油及油品的性质,H/C 比降低,油品的密度和沸点升高;而油料的 H/C 比越高其价值越高,因为油料加工过程中氢耗越小;而且通常油料的质量热值随燃料元素组成中 H 含量的增加而增加。由此可见,石油及油品中碳和氢含量的测定在石油化工分析中具有重要的意义。碳和氢含量测定常采用氧化燃烧重量定量法,属分解定量法。

方法原理是:试样在氧气流和催化剂的作用下,经高温灼烧和催化氧化,使试样中的碳和氢分别定量地转变为二氧化碳和水。设法除去干扰元素后,用已称过质量的烧碱石棉(NaOH)吸收管吸收二氧化碳;无水氯化钙($CaCl_2$)或无水高氯酸镁$[Mg(ClO_4)_2]$吸收管吸收水,再称重求得二氧化碳和水的质量后,计算出试样中碳和氢的质量分数。

由此可见,试样中碳和氢的测定,可以分为下述三个步骤。

一、燃烧分解

测定碳氢时,能否使有机物燃烧分解完全、定量地转化为二氧化碳和水是关键。若燃烧分解不完全,即使吸收管的称量准确,也不可能得到准确的分析结果。为此,需要选择高效能的催化剂和适当的燃烧方法。良好的催化剂应具备:①催化氧化效能高,能加快样品燃烧分解的速度,缩短分析时间;②工作温度不能太高,以免影响燃烧管和电炉的使用寿命;③最好具有吸收其他杂元素(或化合物)的能力,以免干扰测定使分析操作简化。

(一)催化剂

在经典的碳氢燃烧分析中,采用氧化铜作为催化剂。它是一种可逆性的催化氧化剂,当有机物在高温下与氧化铜反应时,氧化铜部分地被还原成低价氧化物,同时此低价氧化物又立即被气流中的氧气活化成氧化铜。值得指出的是,氧化铜不仅在氧气流中而且在非氧或混有少量氧的惰性气流中,依然具有这种可逆性。这样为在惰性气流中进行燃烧分解,以及同时测定碳、氢、氮创造了有利条件。实验证明,多孔状的大颗粒(10~20筛目)氧化铜具有很强的氧化性能。

四氧化三钴也是一种高效催化氧化剂。它是一种可逆性氧化剂,由氧化钴和5氧化二钴混合组成,在氧气流中,较低的温度下就具有很强的催化氧化效能。例如,在345°C时就能使甲烷定量地氧化完全。虽然其工作温度以600°C为宜,但在温度高达800°C时,仍具有良好的氧化效能,并且工作寿命较长,对含氟、磷、砷等的有机物,燃烧后生成的氧化物也有较强的抗干扰能力,但是四氧化三钴吸收卤素和硫的能力不如高锰酸银的热解产物强。

另一类催化氧化剂是金属氧化物的银盐(如钒酸银、铬酸银、钨酸银、高锰酸银等)的热解产物,这类氧化剂的特点是除具有很强的催化氧化性能外,还能高效地吸收卤素和硫等干扰元素。其中应用最多的是高锰酸银的热解产物,它是一种带金属光泽的黑色粉末,由高锰酸银结晶加热分解而成。经化学分析和X射线衍射等方法进行研究后知道这种物质在不超过790°C时,组成以银:锰:氧为1:1:(2.6~2.7)的比例存在(通常写成$AgMnO_2$)。它的内部结构是金属银呈原子状态均匀分散于二氧化锰中,并处于晶格表面的缺陷中形成活性中心,使其形成了很强的吸收卤素和硫的能力。而且,这种物质组成中的二氧化锰在较低的氧化温度下(500°C),有很高的催化氧化性能,能在氧气流下将烃类定量氧化成为二氧化碳和水。但是,它在氧化温度大于600°C时容易分解,颜色变成褐红色,氧化效能降低;而通常在500~550°C的工作温度下,对于某些难分解的样品(如含C—Si、C—B、C—S键的有机物)又存在氧化不完全的问题。为此,多使用混合型的催化剂。例如:采用四氧化三钴与氧化银热分解产物联合使用的办法,有$AgMnO_2/Co_3O_4$或$AgMnO_2/Co_3O_4/AgMnO_2$。这样既发挥了银盐能吸收卤素和硫的优点,又使两种催化剂的氧化性能协同作用,提高了催化氧化效能。这是碳、氢定量分析中应用较广的催化剂。实践证明,几种催化剂混合联用,确是一类行之有效的性能优良的催化氧化剂。

(二)燃烧方法

分解有机物的方法,最早采用燃烧管分解法。原理是将试样和适当的催化氧化剂放在燃烧管中加热分解,分解产物借助氧气流慢慢地赶入催化剂填充区,在那里完成氧化作用。由于当时使用的催化剂效能较低,因此,约束了氧气的流速和燃烧的速度,造成燃烧管分解法所需分析时间较长。

真空燃烧法是将试样在抽真空的密封燃烧管中,借助于填充的氧化铜催化剂进行燃烧分解,然后打开燃烧管,导入氧气,烧尽试样,并把燃烧产物送到吸收系统中,进行碳、氢的定量测定。本法适用于易爆和易挥发的试样及含氮有机物中碳和氢的测定。

空管燃烧法是在无填充催化剂的空管中,在高温时,加快氧气流速(50 mL/min),将试样燃烧。常用的方法是将试样装在一个一端开口,另一端封闭的玻璃套管中,套管置于燃烧管中,使套管开口端背向氧气流,而朝向燃烧管末端,然后以与氧气流相反方向移动加热器加热试样,这样,使试样在氧气不足的情况下,首先迅速汽化和热解,再通以 50 mL/min 的快速氧气流,使裂解产物氧化。本法的最大优点是燃烧速度快、效果好;缺点是小套管在装样时,其表面容易吸收水汽,干扰氢的测定。另外应防止试样在受热分解时,产物冲出套管,引起燃烧分解氧化的不完全。

二、干扰元素的排除

测定碳、氢元素的过程中,样品中的硫、氮、卤素等有机化合物在催化剂的作用下生成卤化氢或卤素、硫和氮的氧化物。它们的存在影响碳、氢的定量测定。

(一) 卤素和硫化物干扰的排除

通常用银丝吸收卤化氢或卤素及硫化物。卤化氢或卤素在 600 ℃ 左右与银作用生成卤化银。硫在燃烧时必须生成三氧化硫,才能被银丝吸收生成硫酸银。由于这种吸收剂的吸收效率低,常用增加银丝层的厚度和表面积(如采用载银的沸石等)来提高它的吸收能力。金属氧化物的银盐是卤素和硫化物的高效吸收剂,常用的银盐有高锰酸银热分解产物、钨酸银、银和四氧化三钴混合物等,它们既是高效的催化剂,又是高效的吸收剂。这些吸收剂中的银是以原子状态均匀分散在氧化物中,它不仅具有很强的吸收卤素和硫化物的能力,又可以将样品中的硫完全氧化成为三氧化硫,使脱硫完全。

(二) 氮氧化物干扰的排除

有机氮化物在燃烧过程中生成氮气和一定数量的氮氧化物,氮氧化物影响碳的测定结果,常用以下两种方法排除其干扰。

(1)吸收法:生成的氮氧化物包括一氧化氮和二氧化氮,常用二氧化锰作为吸收剂,在室温下可吸收二氧化氮,生成硝酸锰。

燃烧产物的一氧化氮在吸收管的空间中与氧气充分混合,转化成二氧化氮也被内层的二氧化锰吸收。二氧化锰吸收二氧化氮主要是由于表面存在的羟基具有吸附活性,二氧化氮由羟基吸附后,再与二氧化锰作用生成硝酸锰并放出水分。因此,在二氧化锰层的后部要加一段无水高氯酸镁,使水分不致进入二氧化碳吸收管内。

(2)还原法:用金属铜作为还原剂,在550℃温度下,将氮氧化物还原为氮气。

由于金属铜也与氧作用生成氧化铜,所以还原法只限用于含少量助燃氧气的惰性气流中。燃烧分解后多余的氧气也被金属铜吸收。这种方法常用在碳、氢、氮同时测定的流程中。

三、燃烧产物的测定

试样燃烧生成的二氧化碳和水,经典的定量方法是重量法:采用装有相应吸收剂的吸收管,依次把水和二氧化碳分别吸收,称量吸收管的增重,通过计算,求得碳和氢的百分含量。常用的吸水剂有无水氯化钙、硅胶、五氧化二磷、无水高氯酸镁等,其中无水高氯酸镁为最佳。其吸收容量可达自身重量的60%,使用寿命比其他吸收剂长,吸水后体积收缩率小,是使用最广泛的吸水剂。

一般用烧碱石棉作为二氧化碳吸收剂。它是一种浸有浓氢氧化钠的石棉,干燥后粉碎成10~20筛目的颗粒待用。其中的氢氧化钠可吸收二氧化碳,生成碳酸钠并放出1 mL的水。

因此在二氧化碳吸收管内,在烧碱石棉后部必须另加一段无水高氯酸镁作吸水剂,以免造成碳的误差。同时,也使经过水和二氧化碳两根吸收管前后的气流保持同样的干燥度。

第二节　氮的测定

石油中氮含量通常在0.05%~0.50%,我国石油中氮含量通常在0.1%~0.5%之间,属含氮量较高的石油类。目前我国已发现的石油中氮含量最高的是辽河油区的高升石油,氮含量占0.73%。氮含量随着石油馏分沸点升高而增加,约有一半以上氮以胶状沥青状物质集中于减压渣油中。轻质油中含氮量较少。石油中的氮主要是以各种含氮杂环化合物的形态存在。含氮化合物可分为碱性氮化合物和非碱性氮化合物两类,还有少量脂肪胺和芳香胺类。现已从石油中分离出来的碱性含氮化合物主要为吡啶、喹啉、异喹啉及其同系物,非碱性含氮化合物主要是吲哚、吡咯、咔唑及其同系物,石油中还有另一类非碱性氮化合物,即金属卟啉化合物。石油中含有微量重金属,如钒、镍、铁等,这类重金属与氮化合物形成金属卟啉化合物。金属卟啉化合物分子中包含四个吡咯环。这类化合物的发现具有特殊的意义,因为动物体内的血红素和植物的叶绿素都是卟啉化合物,它们与石油中的这类化合物结构是一致的,而卟啉化合物被认为是生物标记。因此,石油中这类化合物的发现,为石油的有机成因提供了证据。石油的二次加工过程中,由于重油馏分内复杂氮化物的裂解,所以二次加工的轻质石油产品中,氮含量比较高。人造石油含氮量较天然石油高,石油中含氮量虽然不高,但其对石油的催化加工和油品的使用性能都有不利的影响:①引起油品的不安定性,影响油品质量,存储运输过程中,易生成胶状沉淀;②使油品颜色变深,气味变臭,使用中易在气缸中形成积炭,对发动机造成磨损;③催化重整过程中,为防止催化剂中毒,要控制预加氢生成油的氮含量小于 1 mg/kg。因此,研究和掌握不同数量级氮含量的测定方法是必要的。

氮含量的测定方法有:杜马燃烧法、凯(克)达尔法、镍还原法、微库仑法和化学发光法,均是对样品进行破坏性分析,属于分解定量法。

一、杜马燃烧法

普遍用于石油及有机化合物中氮含量测定,适用于高沸点的馏分油,如石油、渣油等,常量、百分数量级氮含量的测定。

测定的方法原理:使有机含氮化合物在催化剂作用下,在二氧化碳气流中加热分解,生成氮气和氮的氧化物。它们随二氧化碳气流经过还原剂(金属铜)后,把氮的氧化物定量地转化为氮气。反应中可能产生的氧气(例如由 CO_2、H_2O、N_2O 等气体分解产生)也可由金属铜吸收除去。然后由二氧化碳气流将生成的气体赶入量氮计中,用50%氢氧化钾溶液将酸性气体全部溶解吸收。测量不溶于氢氧化钾溶液的氮气体积,计算氮的百分含量。

该方法关键是选择高效催化剂。常用的催化剂有氧化铜、四氧化三钴及二氧化锰与高锰酸银热分解产物的混合物。图 3-1 是杜马燃烧法测氮装置示意图。

计算测定结果为

$$N\% = \frac{1.2505V0}{W} \times 100\% \qquad (3-1)$$

$$V_0 = 0.998V \frac{P}{101.3} \times \frac{273}{273+t} - V' \qquad (3-2)$$

式中,V' 为校正为标准状态下的空白结果,mL;V 为未校正的样品氮气体积,mL;P 为大气压力,kPa;t 为室温,℃;W 为样品质量,mg;V_0 为已校正为标准状态下的样品氮气体积,mL;1.2505 为标准状态下氮气密度,mg/mL;0.988 为校正系数。

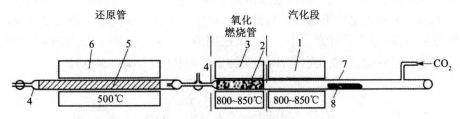

图 3-1　杜马燃烧法测氮装置示意图

1,3,6—电炉;2—CuO;4—石棉;5—还原铜;7—石英套管;8—样品+Co₃O₄

考虑到氢氧化钾溶液附着管壁以及其蒸气压,气压计的温度校正等,可产生偏高的误差。根据经验,为氮气体积读数的 1.2%,故测定结果应乘以校正系数。

杜马燃烧法用于分析含角甲基的化合物(如甾族化合物)时,由于生成的甲烷气体不溶于氢氧化钾溶液中,使分析结果偏高。用于分析渣油、长链脂肪酰胺、嘌呤、嘧啶及含氮稠杂环化合物时,由于不完全氧化而生成含氮焦炭,使分析结果偏低。但因杜马法适用于大多数有机氮化物,又有仪器装置不需经常更换和分析速度较快的优点,所以广泛应用,是一种公认的定氮方法,并常作为衡量其他方法准确度的一个标准方法。

二、凯达尔法

设备简单,可同时进行多个试样的测定。其也是一种公认的定氮方法。

测定的方法原理是:在凯氏烧瓶中,将含氮有机物用浓硫酸及催化剂煮沸分解,其中的碳和氢,分别生成二氧化碳和水蒸气,氮转变为氨气,被浓硫酸吸收,生成硫酸铵。再用氢氧化钠碱化,使硫酸铵分解。分解产物进行水蒸气蒸馏,蒸出的氨气用硼酸溶液吸收,最后用标准溶液滴定。由于消耗的盐酸的物质的量与氨气的物质的量相等,可以根据盐酸标准溶液的消耗量计算出氮的百分含量。

(一)煮沸分解(消化)

煮沸的仪器装置见图 3-2。

煮解是测定氮的关键步骤。为使试样在浓硫酸作用下分解完全,常加入少量硫酸钾,以便提高煮解反应的温度,使反应液的沸点从 290℃提高到 460℃以上,促使有机氮化物定量地转化为硫酸铵。但硫酸钾会消耗部分硫酸,生成硫酸氢钾,而使消化液中硫酸用量不足,因此,硫酸钾用量不可过多。此外,反应中还需加入催化剂。常用催化剂有硒粉、汞、氧化汞、氯化汞、硫酸汞和硫酸铜等。它们可以单独使用或两种催化剂混合使用。其中汞催化剂分解效能高,对难分解的含氮有机物,汞催化剂比铜催化剂有效;但铜催化剂不会与氮生成络合物,也没有汞蒸气的毒害作用。而用汞或汞化合物作催化剂时,会产生不挥发的硫酸铵汞络合物,使测定结果偏低。为此,煮解完后,要加入硫代硫酸钠或硫化钠溶液,使它分解,并将系沉淀。并以饱和硫酸铜溶液除去过量的硫代硫酸钠.以免后续蒸馏时产生挥发性硫化物,妨碍滴定终点的观察(因为硫有颜色)。

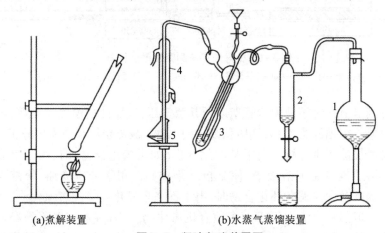

(a)煮解装置　　　　　　　　(b)水蒸气蒸馏装置

图 3-2　凯达尔法装置图

1-水蒸气发生器;2-分离器;3-蒸馏器;4-冷凝管;5-接收瓶

　　因此,对不用汞类催化剂能完全消化的有机含氮化合物,尽可能不用汞催化剂,以便简化操作。硒催化剂比铜催化剂活性好,也不与氨形成络合物,但有使氮损失的危险。实验表明当硒用量恰当时,是可以达到既有催化作用又有无氮损失的目的。容易煮解的有机化合物,一般使用硫酸钾、硫酸铜和硒粉等混合催化剂,就能得到满意的结果。

　　煮解反应完成后,加入过量的氢氧化钠溶液,进行碱化,使氨游离出来。

(二)蒸馏

　　用水蒸气蒸馏的方法,把碱化后反应液中游离的氨蒸馏出来,并通入4%的饱和硼酸溶液,氨被定量吸收,生成硼酸铵。

　　生成的硼酸铵是一种两性化合物,根据酸碱滴定的原理,可选用强酸标准溶液如盐酸来进行滴定。

(三)滴定

　　用标准盐酸溶液滴定时,指示剂为溴甲酚绿和甲基红的乙醇溶液,到终点时,指示剂由蓝色变为灰色。消耗的盐酸的量与氨的量相等,因此,根据计算标

准盐酸溶液的消耗量可计算出氮的质量分数。测定结果如下:

$$N/100 = \frac{(V_1 - V_2)\, C \times 14.01}{W} 100\%$$ (3 - 3)

式中,C 为盐酸标准溶液物质的量浓度,mol/L;V_1 为滴定样品消耗盐酸体积数,mL;为空白实验消耗盐酸体积数,mL;W 为样品质量,mg。

注意事项:①对于硝基类、偶氮类这些含有 N—O 键和 N—N 键的化合物,在浓硫酸煮沸分解时,氮易生成氧化氮和氮气而损失;常在煮沸分解前加入锌粉或葡萄糖作为还原剂,使氮定量转化为氨;②对于吡啶类、喹啉类等杂环化合物,因较难分解而使测定结果偏低,常借助于加入硫酸钾来提高分解液的沸点等办法,使测定得到满意的结果。本方法的缺点是煮沸分解时间较长,酸雾污染严重,试剂消耗多,劳动强度大。

三、镍还原法

重整工艺对原料油中引起催化剂中毒的氮化物的含量提出了严格的限制。一般控制氮含量在 1 mg/kg 以下。对于痕量氮测定的经典方法是采用硅胶或硫酸,将石油中氮化物富集后,再用凯(克)达尔法测定。但这种方法试剂用量大、劳动条件差、分析时间长。而镍还原法适宜于低或微含氮量的测定,重整原料油中痕量氮测定,最低检出限为 0.5 mg/kg。

镍还原法的测定原理是:将试油与活性镍催化剂在沸腾回流的条件下,反应 40 min。稍冷,加入硫酸,继续加热,使反应物与硫酸作用,生成硫酸铵。再用蒸馏的方法分离除去未反应的有机相;然后,改用图 3-3 装置,从滴液漏斗中加入氢氧化钠与硫酸铵作用,放出的氨吸收于硼酸溶液中。再用 0.01 mol/L 氨基磺酸溶液滴定,采用甲基红和溴甲酚绿混合指示剂,当指示剂颜色从蓝色转变为酒红色时,达到终点。由滴定时消耗的氨基磺酸标准溶液的体积数,计算试样的氮含量。

$$N/(\text{mg/kg}) = \frac{(V_1 - V_2) \times 140}{W}$$ (3 - 4)

式中,V_1 为试油消耗氨基磺酸体积,mL;V_2 为空白试验消耗氨基磺酸体积,mL;W 为试油质量,g;140 为氨基磺酸溶液的滴定度,μg/mL。

本法仪器简单,操作方便,易于推广。本法的关键是要有一个低的稳定的空白值,因为所测油样含氮量是 mg/kg 级,并且要避免污染。本法的缺点是不适于测定重质石油馏分和黏稠试样,且分析时间较长。

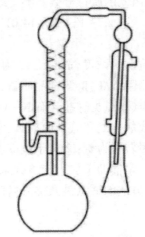

图3-3　镍还原法定氮装置图

四、微库仑法

随着石油化工工业的发展,对分析方法的要求越来越高。1966年Martin首先提出用微库仑法测定氮含量,这种方法具有灵敏度高,分析速度快,准确度高,试剂用量少等优点,而为国内外广大分析工作者采用,现已定为标准方法。

微库仑定氮的方法原理是:试油用微量注射器或样品舟自动进样器推入石英裂解管的汽化段,在氢气流中,高温分解,在蜂窝状镍催化剂作用下,加氢裂解。有机氮定量转化为氨。同时产生的酸性气体用吸附剂吸收除去。氨由氢气流带入库仑滴定池中,进行氨的定量测定。

使滴定池中氢离子浓度降低,引起测量电极电位发生变化,造成指示电极对的输出与给定偏压值不相等。变化后的指示-参比电压与偏压比较,其差值作为库仑计放大器的输入信号。这时,库仑放大器给出一个放大的电压加到电极对上,使发生电解反应。

阳极电解得到的氢离子补充了与氨作用消耗的氢离子。这一过程随着氢离子的消耗连续进行,直至无氨进入滴定池,氢离子浓度恢复到初始浓度,电位差值信号消失,电解自动停止,滴定到达终点。测量补充氢离子所需的电量,根据法拉第电解定律,计算氮的含量:

$$N = \frac{A \times 0.145}{RVdf} \times 100 \qquad (3-5)$$

式中,A 为积分值,$\mu V \cdot s^{-1}$;V 为进样体积,μL;R 为库仑计积分范围电阻,Ω;d 为试样密度,g/mL;f 为标样回收率,%;0.145 为单位电量析出氨的质量,$ng/\mu C$;

100 为每个积分数值的计数,$\mu V \cdot s^{-1}$。

　图 3-4 是微库仑法测氮流程图。氢气起着载气和反应气两种作用,通过两路供给氢气。一路通过水洗涤器对氢气进行增湿;一路由气瓶直接进入反应管。使氢气保持一定的湿度可减少催化剂生成积炭量,以便保持氮的回收率达到95%以上。石英裂解管中部装有蜂窝镍催化剂,尾部装有氢氧化钾碱性吸收剂,用来吸收反应生成的酸性气体(H2S、HCN、HX 等)。高温炉分三段,入口段使试样气化(控制到 500~800℃);中心段实现加氢裂解反应(控制到 700~800℃),使有机氮转化为氨;出口段为吸附段(控制到 300℃),吸收生成的酸性气体。滴定池内有测量-参考电极对及一对由钼组成的电解电极对。测量电极是涂渍铂黑的铂片,参考电极为铅-硫酸铅。电解液为 0.4% 的硫酸钠溶液。

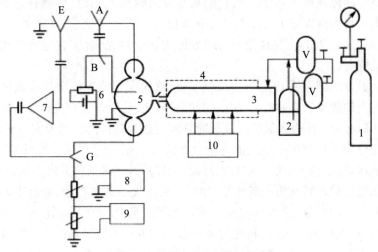

图 3-4　是微库仑法测氮流程图

1-氮气瓶;2-增湿器;3-裂解管;4-高温炉;5-滴定池;6-偏压;7-放大器;8-记录仪;
9-积分仪;10-控温装置;A,B,E,G 同步切换振动子

　微库仑法用于轻质石油产品中氮含量的测定,对样品沸程为 50~550℃,黏度为 0.2~2.0 mm²/s,氮含量为 0.1~3 000.0 mg/kg 时,可得到满意的结果。当样品含硫量大于 5%,对测定有干扰。

　对于样品黏度大于 2 mm²/S,沸程为 350~550℃ 的馏分油,可用无氮溶剂稀释后再进样分析。对于减压渣油、润滑油和润滑油添加剂等黏稠液体和固体试样,也可用无氮溶剂稀释后进样,或用镍舟进样。为使样品完全气化,裂解管气化段温度可提高至 700~850℃,催化段温度降低到 500℃。由于裂解管气化段温度提高可能使样品在入口处结焦,焦炭中常夹杂有氮而导致测定结果偏低。为此,在用铂舟进样时,催化剂直接加入样品中,气化段保持 850℃,使 50% 左右的有机氮在气化段转化为氨。改进后,对固体石油产品和添加剂中氮含量为 20 mg/kg 以上的样品,回收率可达 100%±5%。测量范围的低限为 10 mg/kg,高限为 50 g/kg。

微库仑定氮方法灵敏、快速、准确。

五、化学发光法

适用于测定石油、馏分油、石油气、塑料、石油化工产品、食物以及水中的总氮含量,测量范围 0.2~10 000.0 mg/L,样品状态可以是固体、液体和气体,无论稠稀,常用作微量反应,因为常量发烟严重,激发态比较多,也损伤管子。

化学发光法的基本原理是:某些物质在常温下进行化学反应,生成处于激发态的反应中间体或反应产物。当它们从激发态返回基态时,伴随有光子发射的现象。由于物质激发态的能量是通过化学反应而不是其他途径(例如光照、加热等)获得的,所以将上述发射光子的现象称为化学发光,表明它是通过化学反应产生的光辐射。

产生激发态的条件是,反应的吉布斯函数的变化值应能满足生成电子激发态产物所需的能量。在 400~700 nm 的可见光区,化学发光反应的 AG 应不小于 167~293 kJ/mol。而很多氧化反应是能够满足这个条件的。基于这一基本原理,化学发光可用于测定油品中氮的含量。测定方法是:待测样品(或标样)被引入到高温裂解炉后,在 1 050℃ 左右的高温下,样品被完全气化并发生氧化裂解,其中的氮化物定量地转化为一氧化氮(NO)。反应气由载气携带,经过干燥器高氯酸镁脱去其中的水分,进入反应室。亚稳态的一氧化氮在反应室内与来自臭氧发生器的 O_3 气体发生反应,转化为激发态的 NO_2。当激发态的 NO_2 跃迁到基态时发射出光子,光信号由光电倍增管按特定波长检测接收。再经微电流放大器放大、计算机数据处理,即可转换为与光强度成正比的电信号。在一定的条件下,反应中的化学发光强度与一氧化氮的生成量成正比,而一氧化氮的量又与样品中的总氮含量成正比,故可以通过测定化学发光的强度来测定样品(或标样)中的总氮含量。

化学发光法与凯(克)达尔法和微库仑法比较,优点是仪器结构简单,测定时间比微库仑法还要短,自动化程度高,保养管理方便,是一种很好的常规分析仪器。特别有利于对重质石油产品氮含量的测定。还可用于环境监测中氮氧化物含量的分析,也可作为色谱分离测定氮化物的检测器。

第三节　氧的测定

氧是有机化合物中最普遍的组成元素之一。石油中氧含量因产地不同而不同,一般都很少,约在千分之几范围内,只有个别石油含氧量可达 2%~3%。如果石油在加工前或加工后长期暴露在空气中,那么其含氧量就会大大增加。氧在石油馏分中的分布随石油馏分沸点的升高而升高,随馏分的变重而增加,大部分集中在胶状沥青状物质中,因此,多胶重质石油含氧量比较高。石油中的氧元素都是以有机含氧化合物的形式存在的,分为酸性含氧化合物和中性含氧化合物两种类型,中性含氧化合物主要是醛、酮及酯类,酸性含氧化合物有环烷酸、芳香酸、脂肪酸和酚类,石油中的酸性氧化物统称为石油酸。它们的存在能腐蚀设备,也是油品不安定的原因之一,直接影响石油产品的性质。在二次加工中,氧化物在反应条件下会生成水,水的存在会使催化剂的活性和稳定性降低。

测定氧含量应用较普遍的方法是碳还原法,是对样品的破坏性实验,属分解定量法。

一、样品分解还原

含氧有机物在高温的氮气流中进行热分解。为保证载气的纯度,要用纯度为 99.5% 的氮气通过 600℃ 的还原铜,以除去氮中的微量氧。氮气携带热分解产物,通过 900℃ 的铂-碳催化剂,使其中含氧成分定量地转化为一氧化碳。

二、干扰物的排除

含卤素、硫、氮的有机物高温裂解时,生成卤素、硫化氢、氰化氢、硫化碳酰(COS)和氨等气体,它们对测定氧产生干扰,必须除去。酸性气体用烧碱石棉吸收;氨用硅胶—硫酸除去;在铂—碳催化剂后填充纯铜,在 900°C 的温度下,可除去含硫的干扰物。

三、定量方法

(一)重量法

图 3-5 是重量法测氧的装置图。试样经高温裂解,其中的氧定量地转化为一氧化碳。除去干扰物后,气流($CO+N_2$)进入氧化管,在 300°C 温度下与氧化铜作用,一氧化碳定量转化为二氧化碳。用烧碱石棉吸收,称量吸收管的增重,计

算氧含量

$$O/\% = \frac{0.3636W}{G} \times 100\% \qquad (3-6)$$

式中,W 为已经空白校正的 CO_2 质量,mg;G 为样品质量,mg;0.363 6 为表示 O/CO_2的比值。

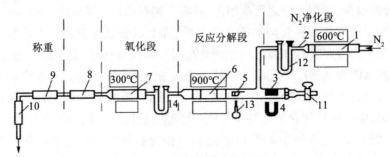

图 3-5 重量法测氧的装置图

1-氮气纯化管;2-三通活塞;3-带有铁芯的石英送样匙;4-磁铁;

5-盛在匙内的铂舟;6-分解管;7-氧化管;8、10 过氯酸镁;9、12、14 烧碱石棉+过氯酸镁

(二) 碘量法

来自热分解管的气流($CO+N_2$),通过烧碱石棉管,除去酸性气体后,与120°C的无水碘酸反应。生成的碘用碱液吸收,用碘量法滴定。根据消耗硫代硫酸钠标准溶液的体积数,计算氧的含量。

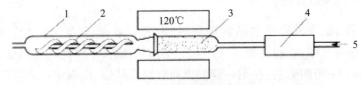

图 3-6 是碘量法定氧装置图

1-碘吸收管;2-碱溶液;3-无水碘酸;4-烧碱石棉;5-接热分解管

计算氧含量为

$$O/\% = \frac{V_2 - V_1}{G} \times 0.1333 \times 100\% \qquad (3-7)$$

式中,V_2 为样品消耗硫代硫酸钠体积数,mL;V_1 为空白实验消耗硫代硫酸钠体积数,mL;G 为样品质量,g;0.133 3 为每毫升 0.02 mol/L 硫代硫酸钠相当氧的克数,g/mL。

上述对常量氧的测定,可以取得满意的结果。对轻质油品中氧含量一般为几个至几十个单位的痕量氧测定,还存在不少问题。

第四节　硫的测定

石油中含硫量也随产地不同而异,从万分之几到百分之几不等。含硫化合物在石油馏分中的分布一般是随着石油馏分沸程的升高而增加,其种类和复杂性也随着馏分沸程升高而增加。因此,大部分含硫化合物集中在重馏分油和渣油中。石油中含硫化合物按性质可分为活性硫化物和非活性硫化物。

活性硫化物,主要指 S、H_2S 和 RSH 等,一般认为石油馏分中 S 和 H_2S 多是其他含硫化合物受热分解的产物(在 120℃ 左右有些含硫化合物已开始分解),二者又可以互相转变,H_2S 被氧化成 S,S 和石油烃类作用又可以生成 H_2S;非活性硫化物,主要含 RSR′、RSSR′和噻吩及其同系物。非活性硫化物受热可转化为活性硫化物。硫化物从整体来说是石油和石油产品中的有害物质,因为它们给石油加工过程和石油产品质量带来极大危害,主要有以下危害。

腐蚀设备:炼制含硫石油时,各种含硫化合物受热分解均能产生 H_2S,它在与水共存时,会对金属设备造成严重腐蚀。此外,如果石油中含有 $MgCl_2$、$CaCl_2$ 等盐类,它们水解生成 HCl 也是造成金属腐蚀的原因之一。如果既含硫又含盐,则对金属设备的腐蚀更为严重。石油中的硫化物,在储存和使用过程中同样会腐蚀金属,同时含硫燃料燃烧生成的 SO_2 及 SO_3 遇水后生成 H_2SO_3 和 H_2SO_4 也会强烈腐蚀机件。

使催化剂中毒:在炼油厂各种催化加工过程中,硫是某些催化剂的毒物,会造成催化剂中毒丧失活性,如铂重整所用的催化剂。

影响产品质量:含硫化物使汽油抗爆性变差,影响使用性能。硫化物的存在严重影响油品的储存安定性,使储存和使用中的油品易氧化变质,生成黏稠状沉淀,进而影响发动机或机器的正常工作。

污染环境:含硫石油在炼油厂加工过程中产生的 H_2S 及低分子硫醇等是有恶臭的毒性气体,危害炼厂工人身体健康。含硫燃料油品燃烧后生成的 SO_2 和 SO_3 也会造成对环境的污染。

因此含硫量常作为评价石油的一项重要指标。石油加工过程中要通过精制的办法将硫含量控制到标准范围内。如铂重整原料油中要控制硫含量不大于 10 mg/kg;多金属重整原料油要求控制硫含量不大于 1 mg/kg。而硫含量的测定已有许多成熟的方法,它们已被列入国家标准或行业标准中。

一、燃灯法

燃灯法[GB/T 380—77(88)]适用于测定雷德蒸气压不高于 80 kPa 的轻质石油产品(汽油、煤油、柴油等)的硫含量。

测定的方法:将试油装入特制的空气灯中燃烧,用碳酸钠水溶液吸收生成的二氧化硫,过剩的碳酸钠用标准盐酸溶液回滴,测定装置见图3-7。由消耗的标准盐酸溶液的体积,计算试油中硫的含量,反应如下。

$$S/\% = \frac{V - V_1}{G} \times 0.0008 \times 100\% \qquad (3-8)$$

式中,G 为试样的质量,g;V 为空白实验消耗盐酸溶液的体积,mL;V_1 为试样消耗盐酸溶液体积,mL;0.000 8 为每毫升 0.05 mol/L 盐酸溶液所相当的硫含量,g/mL。

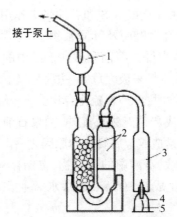

接于泵上

图 3-7　燃灯法测硫装置图
1—液滴收集器;2—吸收器;3—烟道;4—带有灯芯的燃烧灯;5—灯芯

二、管式炉法

管式炉法(GB/T 387—90)适用于测定润滑油、石油、焦炭和渣油等石油产品中的硫含量。图3-8是管式炉法定硫的流程图。测定方法是:试样在高温及规定流速的空气中燃烧。用过氧化氢和硫酸溶液将所生成的二氧化硫和三氧化硫吸收。用标准氢氧化钠溶液滴定。反应如下:

计算硫含量:

$$S = \frac{V_1 - V}{G} \times 0.00032 \times 100\% \qquad (3-9)$$

式中,G 为试样质量,g;W 为试样消耗的氢氧化钠溶液体积,mL;V 为空白实验消耗氢氧化钠溶液的体积,mL;0.000 32 为每毫升 0.02 mol/L 氢氧化钠标准溶液所相当的硫含量,g/mL。

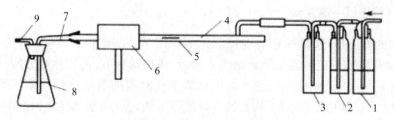

图 3-8　管式炉法定硫流程图

1,2,3-洗气瓶;4-磨砂口石英管;5-瓷舟;6-电炉;7-石英弯管;8-接收器;9 连接泵的出口管

三、氧弹法

氧弹法[GB/T 388—64(90)]适用于测定润滑油、重质燃料油等重质石油产品中的硫含量。

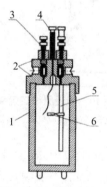

图 3-9　氧弹结构图

1-筒体;2-弹盖;3-针形阀;4-导销

测定方法是将试样装入氧气压力为 3.0~3.5 MPa 的氧弹中燃烧。使试油中的有机硫化物定量地转化为三氧化硫。用蒸馏水洗出,再用氯化钡沉淀。由生成的硫酸钡沉淀的质量,计算硫的含量。

$$S = \frac{(V_1 - V) \times C \times 32.6}{G} \times 100\% \qquad (3-10)$$

式中,G 为试样质量,g;V_1 为试样消耗的氯化钡标准溶液体积,mL;V 为空白实验消耗氯化钡标准溶液的体积,mL;C 为氯化钡标准溶液的物质的量浓度,mol/L;32.06 为硫的摩尔质量,g/mol。

四、镍还原法

(一)镍还原—滴定法

测定的方法是:使试样在活性镍催化剂作用下,在氮气流中沸腾回流 40～50 min,试样中的硫定量转化为硫化镍。稍冷,滴加稀盐酸,使硫化镍分解,硫转化为硫化氢从反应液中逸出,经导管被收集于吸收器的氢氧化钠丙酮溶液中。反应完毕,以双硫腙为指示剂,用乙酸汞标准溶液滴定。根据试样消耗乙酸汞标准溶液的体积,计算试样的硫含量。

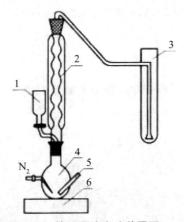

图 3-10 镍还原法定硫装置图

1-滴液漏斗;2-冷凝器;3-吸收器;4-反应烧瓶;5-捕温度计管;6-磁力电热搅拌器

本法用于测定轻质油品中硫含量 10 mg/kg 以上时,准确度较好;当试样硫含量为 1～10 mg/kg 时,误差较大,因此,不能满足多金属重整原料油分析的需要,要用比色法代替。

(二)镍还原—比色法

试样在活性镍催化剂作用下,加热回流生成硫化镍后,加入盐酸与硫化镍反应,放出硫化氢,吸收于 0.1 mol/L 醋酸镉溶液中。加入混合显色剂,以亚甲基蓝的形式在 667 nm 波长处,进行比色测定。

本方法适用于测定重整原料油中 0.1～3.0 mg/kg 范围内的硫含量,其相对误差不大于±15%。

镍还原法定硫仪器简单.灵敏度高,但操作手续烦琐,试剂用量大。对黏度大和含有不易与活性镍反应的硫化物(如磺酸类和砜类)试样,因不能和活性镍充分反应,导致分析结果偏低。

（三）镍还原法测硫、氮含量

重整原料油的硫、氮含量均需严格控制,它们均可采用活性镍作催化剂进行还原测定。测定时使试油在氮气流中与活性镍回流加热,试油中的硫化物和氮化物均进行了还原反应。稍冷,加入盐酸,与硫化镍作用,放出硫化氢。用氢氧化钠吸收后,以标准醋酸汞溶液滴定,测得硫含量。然后将反应瓶中已被酸化的反应液移入滴定瓶中,进行蒸馏,分离除去有机相。再改用图 3-10 的装置,从滴液漏斗中加入氢氧化钠溶液使放出氨,用硼酸溶液吸收,以标准氨基磺酸溶液滴定,测得氮含量。此方法使分析时间大大缩短。

五、微库仑法

（一）氧化微库仑法

测定的方法原理是:试样在惰性气流(氮气)下进入石英裂解管(图 3-11)。首先在裂解段热分解,与载气混合经喷射孔喷入氧化段。与氧气在 900°C 温度下燃烧。试样中的硫化物转化为二氧化硫(同时生成少量的三氧化硫)。由载气带入滴定池。反应生成的二氧化硫与池内的三碘离子发生反应。使池内 I_3^- 浓度降低,测量-参考电极对指示出 I_3^- 的浓度变化,将该变化的信号输送给微库仑放大器。放大器输出相应的电压加到发生电极对上发生。

阳极电解得到的补充由二氧化硫消耗了的 I_3^-,直至其恢复到初始浓度。测量电解生成二碘离子所需的电量,按法拉第电解定律,计算样品中的硫含量。

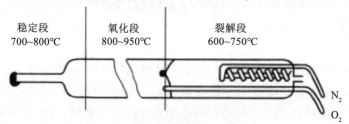

稳定段　　　　氧化段　　　　裂解段
700~800℃　　800~950℃　　600~750℃

N_2
O_2

图 3-11　微库仑定硫石英裂解管示意图

滴定池内电解液的组成是 0.05%碘化钾、0.5%醋酸、0.06%叠氮化钠水溶液。测量电极为铂片;参考电极为 Pt/I_3^-(饱和);电解阳极为铂片;电解阴极为螺旋钼丝。

计算硫含量为

$$S = \frac{A \times 0.166}{RVdf} \times 100 \qquad (3-11)$$

式中,A 为积分值,V 为进样体积,μL;R 为库仑计积分范围电阻,Ω;d 为试样密度,g/mL;0.166 为单位电量析出硫的质量,$ng/\mu C$;100 为每个积分数值的计数,$\mu V \cdot s^{-1}$;f 为标样回收率,%。

在理想情况下,要求有机硫完全燃烧转化为二氧化硫不生成三氧化硫。因为只有二氧化硫才与 I_3^- 反应,而三氧化硫不与 I_3^- 反应。但事实上燃烧时总有少量的三氧化硫生成,导致测定结果偏低。因此,要选择最优的氧化条件,取得满意的二氧化硫转化率。

样品中若含有卤化物和氮化物,高温裂解时生成卤素和氧化氮,干扰测定。因为它们能与电解液中碘化钾作用放出碘,增加了电解液中碘的浓度产生一个负峰,使测定结果偏低。

因此,要在电解液中加入叠氮化钠,它能快速地与氯和氮的氧化物反应,生成氯化物和分子氮,防止其与碘化钾反应。

样品中如存在钒、镍、铅等金属有机化合物,燃烧时生成氧化物。这些金属氧化物可以与三氧化硫作用,生成难分解的硫酸盐。它破坏了 SO_2/SO_3 的平衡,降低了 SO_2 的转化率,使测定结果偏低。故对含有四乙基铅抗爆剂的汽油,不易用一般的氧化微库仑法测定其硫含量。通常可考虑加入氧化剂,在高温下促使硫酸盐分解,才能得到满意的回收率。

氧化微库仑法对沸点低于 550°C,含硫量为 0.1~3 000 mg/kg 的轻质石油馏分,可直接进样测定。分析更高的含硫量时,可用无硫溶剂稀释。当样品中含卤化物总量大于硫含量的 10 倍,总氮含量超过硫含量的 1 000 倍时,对测定有严重干扰。当样品中重金属含量超过 500 mg/kg 时,本方法不适用。

(二)还原微库仑法

还原微库仑法定硫的方法原理是:将样品注入石英裂解管中,试样在 750°C 下蒸发,与增湿的氢气流混合,接着通过温度为 1 150°C 的载铂刚玉催化剂。氢气既是反应气,又是载气。样品在催化剂作用下加氢裂解,其中的硫定量地转化为硫化氢,并由氢气带入滴定池中,与池内银离子发生反应。

池内 Ag^+ 浓度降低,测量参考电极对指示出 Ag^+ 浓度的变化,并发出信号。微库仑放大器输出相应的电压加到发生电极对上,使阳极发生反应。通过阳极的氧化反应,补充了硫消耗的滴定剂 Ag^+,直至滴定池中 Ag^+ 恢复到初始浓度,反应停止。测量电解生成 Ag^+ 所需电量,按法拉第定律,计算试样中的硫含量。

石英裂解管中催化剂的装填如图 3-12 所示。氢气在进入裂解管前要通过一个增湿器,使氢气中含有一定量的水汽。这有利于除去催化剂表面的积炭,以保持催化剂的活性。

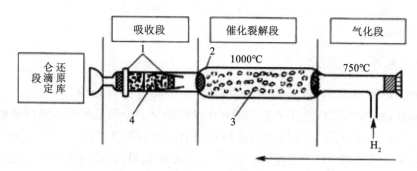

图 3-12　载铂刚玉催化剂装填示意图
1-玻璃毛；2-铂网；3-载铂刚玉催化剂；4-酸性吸附剂

电解液由 0.3 mol/L 氢氧化铵和 0.1 mol/L 醋酸钠溶液配制而成。滴定池内的测量电极和电解阳极为银，参考电极为 Hg/Hg^{2+}（饱和），电解阴极为铂。

在氢解过程中，样品中的硫几乎按化学式计量转化为硫化氢，不取决于样品的结构、硫化物的类型和含量。同时，样品中的氮转化为氨，它能与滴定池中的银离子生成银氨络离子而消耗了部分银；当样品中的氯转化为氯离子时，也因生成氯化银沉淀影响硫的测定。故限定样品中含氮量小于硫的 10 倍，含氯量小于硫的 50% 的情况下，才可顺利进行。

样品中的氮还可能生成氰化氢，它也能与银离子反应干扰硫的测定。氢解生成氰化氢的数量与样品中碳和氮的比例有关。若增加氢气的湿度或增加裂解温度，可使氰化氢生成数量降低。

本方法测量范围为 0.5～200.0 mg/kg 的含硫试样。对高含硫量试样可用无硫溶剂稀释进样；对沸点低于 550℃ 的样品，用注射器直接进样；对气体或液化石油气，可用密封式压力注射器进样；对固体或黏稠液体，用样品舟进样。

（三）氧化微库仑法与还原微库仑法比较

①两种方法都有相同的精密度和准确度。

②氧化法设备简单、操作维护较方便，没有催化剂的再生操作，安全性好。还原法在高温下使用氢气需要有严密的防爆措施，石英管使用温度高寿命缩短，要频繁更换管子，同时要求更熟练的操作技术。

③氧化法中氯和氮的干扰可加入叠氮化钠消除，但重金属在裂解管内对二氧化硫转化为三氧化硫有催化作用，干扰测定。用还原法在限定氯含量的情况下对测定无影响，氮化物的干扰通过将氢气增湿加以抑制。

④氧化法定硫转化率一般只达 80% 左右。还原法硫化物转化为硫化氢的量符合理论值。

微库仑定硫方法灵敏、快速,其中氧化法操作较简便,已广泛的应用,并已订有标准实验方法。

六、氢解-比色法

测定的方法原理是:样品注入裂解管中,与增湿的高温氢气流混合,高温(1 300℃)加氢裂解,使其中的硫定量转化为硫化氢。裂解后的气体经过醋酸溶液增湿,进入反应室。反应室内放有预先用醋酸铅溶液浸渍过再干燥处理后的试纸。硫化氢气体与试纸接触,反应生成黑色的硫化铅,通过测量试纸变黑所引起的光反射度的变化速率,求得硫含量。

本方法特别适用于痕量硫的测定,可分析轻质石油产品中小于 1 mg/kg 的硫含量,检测下限可达 25 ng/kg,而且该方法灵敏、快速,样品中含有的氯、氮等有机化合物对测定无干扰。在痕量硫的测定中,比微库仑法略胜一筹。国外已订立标准方法(ASTMD4045)。

测定时使用 HoustonAtlas 硫化氢分析仪。仪器的光电管安放在反应室上方,垂直于试纸表面。光束通过反应窗照射试纸。试纸与硫化氢反应变黑。经照射生成醋酸铅的试纸的反射光束与未照射试纸的光束进行比较,得到的信号经放大并转变为电信号,用记录仪记录下来,按信号值与含硫量成正比的关系,计算硫含量。

第五节　碳、氢、氮(氧或硫)的热导法测定

经典的测定碳、氢、氮(氧或硫)的方法,其共同的特点是使有机物在催化剂作用下,分解燃烧(或氢解),生成简单的元素或化合物。然后用重量法或滴定法测定。由于分解时间长,多为手工操作,要求熟练的操作技术,远不能满足科学研究和生产的要求。

有机元素快速分析仪是选用高效催化剂,在特定的气流作用下,使有机物瞬时(高速)燃烧分解,又称爆炸氧化。将待测物质转化为易测的元素或化合物,采用先进的物理方法测量。通过记录仪或微型电子计算机,自动显示待测元素的信号和含量。

元素分析仪的物理检测方法,通常按测定原理分为两大类:热导法和电化学分析法。热导法按混合气体分离方法的不同,主要分为显示吸收热导法和热导检测气相色谱法。电化学分析法有电导、库仑、电导-库仑结合等三种。前面讨论过的微库仑法定硫、氮就属于这种方法。此外,库仑法还可用于碳、氢、氯等元

素的测定。

一、热导检测气相色谱法

热导检测气相色谱法的原理是:样品进入装有催化剂的石英燃烧管内,在氧气和惰性载气流中瞬时燃烧分解。选择适当的气相色谱柱,将分解生成的产物分离成单一组分。然后依次进入热导池检测器分别测定。这些元素分析仪通常是对碳、氢、氮同时测定的,也能改换为对氧或硫的测定。

意大利 Carlo Erba 公司生产的 1106 型碳、氢、氮和氧(或硫)分析仪属于这类仪器。图 2-19 是 1106 型元素分析仪流程图,它分有碳、氢、氮系统和氧(或硫)两个系统。碳、氢、氮的测定是用锡皿称量试样(0.1~5.0 mg),在含纯氧的氦气流下(氦为载气,加入氧气助燃),进入竖式的加热至 1 010℃ 的石英燃烧管中。管内装有三氧化二铬催化剂和吸收干扰气体的银试剂(镀银氧化钴)。样品在高温下瞬时燃烧,有机物定量转化为二氧化碳、水、氮及氮的氧化物。其中干扰组分(二氧化硫、卤素)由燃烧管内的银试剂吸收除去,其余混合气通过还原管在 650℃ 温度下,由管内还原铜除去反应剩余的氧气,同时把氮的氧化物还原为氮气。混合气(二氧化碳、水气、氮)在 100℃ 温度下,由载气带入填充有固定相为 PorapokQS 的色谱柱中,把反应生成的三个组分逐一分离。用热导检测器检测。出峰顺序为氮、二氧化碳、水。

氧的测定:取定量的试样在氦气流中瞬时裂解,在 1 060℃ 温度下通过特制的镍铂碳催化剂。氧定量转化为一氧化碳,其他有机硫、氮、卤素化合物转化为氮、硫化氢和卤化氢。反应产物进入吸收管,除去酸性的燃烧产物。然后进入填充 0.5 nm 分子筛的色谱柱,使一氧化碳与氮分离,用热导检测器测定。由一氧化碳色谱峰面积,求得试样中氧的含量。

硫的测定:试样在含少量纯氧的氦气流中进入加热至 1 000℃ 的燃烧管内,在三氧化二钨催化剂作用下,定量转化为二氧化硫。由还原铜除去载气中剩余的氧气后,混合气流进入色谱柱,分离出二氧化硫,用热导检测器测定。由二氧化硫峰面积,计算试样硫含量。

硫和氧的测定共用一个系统。碳、氢、氮和氧(或硫)系统共用一个热导池,彼此互为参考臂。两个系统可以交替使用。使用自动进样器每次可连续分析 23~196 个样品。测量范围为 0.01%~100%。准确度为 ±0.3%。分析一个试样为 5~8 min。

我国的 ST-02 型碳、氢、氮和氧元素分析仪即属热导检测气相色谱仪。其采用了高效能钨酸银与三氧化二铬混合物作为碳氢的氧化剂,镀银铜为测氮还原剂,镍铂碳为测氧还原剂。用 GDX-105 作为二氧化碳、氮、水气分离的色谱固定相,可用于测定高沸点液体和固体试样,对一些难分解的复杂大分子和高聚物也会得到满意的结果。

二、自积分热导法

自积分热导法又称为示差吸收热导法。在常用的热导检测中,由于记录的是时间函数的动态电压,误差主要来自热导池桥路和组分浓度的非线性关系,其次是载气的波动和积分造成的误差。为避免上述缺点,令反应产物在减压密封的静态系统中进行测量。方法是使燃烧产物与载气一起进入一个体积固定的混合管内,压力达到预定值时,让气体密闭在混合管内。待气体扩散达到浓度均匀并恒温后,膨胀进入已抽空的三对热导池中。其中氢热导池两臂间接有高氯酸镁吸收管,当反应产物通过,水汽被吸收,产生氢的示差信号;同样碳热导池两臂间接有烧碱石棉吸收管,吸收二氧化碳产生碳的示差信号;余下的氮、氮(载气)与纯氮比较,得到氮的示差信号。由于膨胀时,气体受限流器的限制,使检测系统在极短时间内达到压力平衡,处于半静止状态,所得信号是一个稳定的电压值,不需积分,故称为自积分热导法。由于燃烧与记录过程分别独立进行,故载气波动对结果影响不大。

(一) 碳、氢、氮的测定

样品在少量高纯氧和氦气流下进入燃烧管。控制温度为 $850 \sim 1000℃$,管尾部装有担载在担体 Chromosorb P(60~100 目)上的氧化银和钨酸银催化剂以及吸收干扰产物的银试剂(银和钒酸银的混合物)。样品在燃烧管内瞬时高温氧化,由银试剂除去生成的二氧化硫和卤素等干扰物。其他二氧化碳、水、氮和氧化氮等燃烧产物由氦气带入还原段中。还原管温度控制 $500 \sim 700$ V,还原催化剂为 60~100 目的铜。它使氧化氮还原为氮气,同时使燃烧产物中剩余的氧生成氧化铜除去。燃烧产物(氮、水气、二氧化碳)由氦气带入气体混合器中。混合管容积为 300 mL,充压 200 kPa。四种气态组分在混合管内均匀混合,扩散进入采样器。采样器是蛇形铜管,保证气体混合物以一个恒定的速度流过检测器。为使操作稳定,气体混合管、采样器、压力控制器、检测单元都放在一个恒温系统中。气体混合物依次通过三个检测器,分别测得氮、二氧化碳、水的示差信号。记录谱图为三个狭窄的矩形峰(图 2-21)。根据峰高与被测元素含量呈线性关系,求出各元素的百分含量。

(二) 氧的测定

测氧时需对仪器进行改装,用裂解管和氧化管代替燃烧管和还原管,裂解管和氧化管之间需连接一个 U 形酸性气体吸收管。裂解管内填充镀铂碳作为高温裂解催化剂,裂解温度为 975℃。有机物在氦气流下进入裂解管,其中的氧转化为一氧化碳,生成的干扰测定的裂解产物通过装在裂解管尾部的铜和银(900℃)吸收除去,其中酸性气体通过装有氢氧化锂的 U 形吸收管除去。剩下的是待测气体一氧化碳,由氦气送入氧化管,管内装有温度为 670℃的氧化铜,一氧化碳在此条件下定量地转化为二氧化碳,随后进入碳的检测桥路。根据测得的二氧化碳峰高,求得氧含量。

(三)碳、氮、硫的测定

测定前仪器进行改装。在燃烧管和还原管之间,装上 U 形吸收管,管内装有 8-羟基喹啉,用来吸收卤素。燃烧管内装有催化剂为氧化钨,尾部装有氯化钙作为吸水剂。还原管内装有铜作为还原剂。原来用于测定氢的检测器内的水吸收管由二氧化硫吸收管代替。吸收管内装有氧化银,管外有加热套,使吸收反应保持在 210°C 温度下进行。

试样在含少量氧的氦气流下燃烧分解,燃烧管控制温度为 975℃,在催化剂作用下,试样分解定量地转化为二氧化碳、水、二氧化硫、卤素、氮及氮的氧化物。水被氯化钙吸收;卤素被 8-羟基喹啉吸收;氧化氮由铜还原为氮气;剩余的氧在还原管内吸收除去。得到待测的二氧化硫、二氧化碳、氮等气体,由氦气送入三个热导检测器中,分别测得其示差信号,计算硫、碳、氮的百分含量。

第四章 基本理化性能的检测

第一节 石油产品密度的检测

一、方法概要

密度是指单位体积物体的质量,它是石油和石油产品最重要的特性之一。密度是影响石油质量和价格的因素,是汽车、航空和航海燃料质量的重要指标。

本试验方法适用于雷德蒸气压≤101.325 kPa下石油和石油产品密度的测定。它利用阿基米德定律进行试验,具体为:使试样处于设定温度,将其倒入温度大致相同的液体密度计量筒中,将合适的密度计放入已调好温度的试样中,让其静置下来。当温度达到平衡后,读取密度计的读数和试样温度。用石油计量表把观察到的液体密度计读数换算为标准温度(15℃)下的密度。如果需要,在试验过程中,可将液体密度计量筒及内装的试样一起放入恒温浴中,以避免在测定期间温度变动太大。

油品密度的大小与油品的温度密切相关。不同国家或地区对标准密度的温度都有规定。欧美将15℃下的密度作为标准密度,我国将20℃下的密度作为标准密度。本试验方法所述的标准密度是15℃下的密度。

本方法的参考标准有 ASTM D1298、GB/T 1884。

二、仪器设备

密度计(比重计):玻璃制,应符合 E100 或 ISO 649-1 的技术规格,有关要求见表4-1。

液体密度计量筒:由透明玻璃、塑料或金属制成,其内径至少比密度计外径大 25 mm,其高度应使液体密度计在使用中漂浮时,液体密度计底部与量筒底部的间距至少有 25 mm。塑料制液体密度计量筒应不褪色、抗油样冲击,且材料不能受试样影响。长时间暴露于阳光下不会变得模糊。

表 4-1　推荐液体密度计

单位	范围		刻度		弯月面修正值
	总范围	每个单位	间隔	误差	
	600~1 100	20	0.2	±0.2	+0.3
密度(15℃,kg/m³)	600~1 100	50	0.5	±0.3	+0.7
密度(15℃,kg/m³)	600~1 100	50	1.0	±0.6	+1.4

温度计:测量范围、刻度间隔、最大允许刻度误差见表 4-2。

表 4-2　推荐的温度计

单位	范围	刻度表格	刻度误差
℃	-38~-1	0.1	±0.1
℃	-102~-20	0.2	±0.15
℉	-5~+215	0.5	±0.25

恒温浴:如果需要,其尺寸大小应能容纳装有试样的液体密度计量筒,使试样完全浸没在恒温浴液体表面以下,在试验期间,温控系统应能保持试验温度在±0.25℃以内。

搅拌棒:可选玻璃或塑料制,长约 400 mm。

三、测试步骤

试样取制备:石油和石油产品应按其相应的取样法取样。在取样后,为了尽可能减少组分损失,样品应保存在密闭容器中,且尽快将密封试样转移至低温环境中。

试验温度:把试样加热到能充分流动,但温度不能高到引起轻组分损失,或低到样品中的蜡析出。对石油样品,要加热到接近标准温度,或倾点 9℃以上,或高于浊点 3℃以上适中的一个温度。

操作步骤:使密度计、量筒和温度计的温度在试验温度的±5℃以内。在试验温度下,把试样转移到温度稳定、清洁的密度计量筒中,避免试样飞溅和生成气泡,并要减少轻组分的挥发。用一张清洁的滤纸除去聚集在试样表面的所有气泡。把装有试样的量筒垂直地放在没有空气流动的地方。在整个试验期间,环境温度变化不应>2℃。当试样温度与环境温度相差>±2℃时,在试验期间,应使用恒温浴。

用合适的温度计或温度测量设备,并用搅拌棒做垂直旋转运动搅拌试样,以确保液体密度计量筒内试样温度和密度均一。记录温度精确到 0.1℃。从密度计量筒中取出温度计以及搅拌棒(如果使用玻璃液体温度计,可用其作为搅拌棒)。

把合适的液体密度计放入液体中,达到平衡位置时放开,让液体密度计自由地漂浮,要注意避免弄湿液面以上的干管。

要有充分的时间让液体密度计静止,并让所有气泡升到液面。读数前要除去所有气泡。当密度计离开量筒壁自由漂浮并静止时,读取液体密度计刻度值,读到最接近刻度间隔的1/5。

测定透明液体,先使眼睛稍低于液面的位置,慢慢地升到表面,先看到一个不正的椭圆,然后变成一条与液体密度计刻度相切的直线。

测定不透明液体,使眼睛稍高于液面的位置观察,液体密度计读数为与液体弯月面上缘与液体密度计相切的那一点。

记录比重计读数后,立即小心地取出液体密度计,插入温度计,并用搅拌棒垂直地搅拌试样,记录温度精确到0.1℃。如果这个温度与开始试验温度相差大于0.5℃,应重新读取密度计和温度计读数,直到温度变化稳定在±0.5℃以内。如果不能得到稳定的温度,就把密度计量筒重新放入恒温浴中,重新操作。

四、结果小结

(一)计算及结果报告

观察到的温度计读数做有关修正后,对这两个修正后的温度读数取平均值,结果记录精确到0.1℃。

对不透明试样,由于液体密度计读数是按照液体主液面检定的,应按照表4-3中给出的弯月面修正值,对观察到的液体密度计读数作弯月面修正。记录密度精确到0.1 kg/m³。

按不同的试验油品的性质,用ASTM D1250石油计量表,把密度计的密度读数进行换算。表4-3给出了一些石油计量表相关表号的例子。

表4-3　PMT表举例

物质	密度(15,kg/m³)	密度(20,kg/m³)
石油	53A	59A
石油产品	53B	59B
润滑油	53D	59D

密度由kg/m³换算到g/mL或kg/L,应除以10³。

密度(15℃)以kg/m³表示时,最终结果报告精确到0.1 kg/m³。

密度(15℃)以g/mL或kg/L表示时,最终结果报告精确到0.000 1 g/mL或0.000 1 kg/L。

(二)精密度

此试验方法的精密度,是根据实验室间测试结果统计分析得到的,结果如下。

重复性(95%置信水平):同一操作者,同一台仪器,在同样的操作条件下,对同一试样进行试验,所得到的两个试验结果之间的差值,在正常且正确操作下,从长期来说,20 次中只有 1 次超过表 4-4 中的数值。

再现性(95%置信水平):在不同实验室,由不同的操作者对相同的试样进行的两次独立的试验结果的差值,在正常且正确操作下,从长期来说,20 次中只有 1 次超过表 4-4 的数值。

表 4-4　玻璃密度计法精密度值

石油产品	温度范围/℃	单位	重复性	再现性
透明低黏度液体	-2~24.5	kg/m³	0.5	1.2
	29~76	g/mL 或 kg/L	0.000 5	0.001 2
不透明液体	-2~24.5	kg/m³	0.6	1.5
	29~76	g/mL 或 kg/L	0.000 6	0.001 5

五、讨论

(1)要在被测样品物化性质合适的温度下试验得到密度计读数,这个温度最好接近标准温度(这里标准温度指 15℃,国标标准温度指 20℃)。

(2)对于轻质易挥发样品要注意,在移动过程中,尽可能使样品中低沸点组分的蒸发损失减到最低程度。对于比较黏稠或者倾点比较高的待测油品,油品温度(用水浴来调节)比较重要,因为如果温度偏低的话,油品黏住密度计,使密度计无法自然沉降,无法达到平衡状态,从而得不到准确的密度(偏大)。如果温度偏高的话,会使部分轻组分挥发,最后测出来的密度会变大。最好测试温度控制在高于倾点 9℃左右,密度计刚刚能自然沉降为宜。

(3)测量油品时,保证油品内的气泡尽量排出,以免影响测试结果的准确度。

(4)在读取密度计读数时,密度计不能贴靠量筒壁;在读取温度计读数时,温度计在试样中从搅拌到读数应停留足够时间(≥30 s)。记录完密度计的读数后,马上记录测试样品的温度。

第二节 石油及其产品密度和相对密度的检测

一、液体密度及相对密度的实验方法(数字密度计法)

(一)方法概要

密度是指定温度下单位体积物质的质量。相对密度是指定温度下某物质的密度和参考温度下水密度的比值。

本方法是将少量体积的液体样品(约 1 mL)加入到 U 形振动管中,管中的质量发生变化引起振荡频率的改变,由频率的改变与标准数据进行比较确定样品的密度, 即相对密度。它所测液体蒸气压必须 < 100 kPa, 运动黏度 <15 000 mm²/s, U 形管在确定没气泡的前提下, 蒸气压的限制值可延伸至 >100 kPa, 因为气泡的存在会影响密度的测定结果。适用于汽油和加氧汽油、柴油、煤油、基础油、蜡类、润滑油等的密度测定。

本方法的参考方法有 ASTM D4052、SH/T 0604。

(二)设备及材料

1.试剂及材料

水:经二次蒸馏,使用前煮沸并冷却的试剂水,作为校准物质。

洗涤溶剂:如石油醚或其他能够彻底把试样管中的试样冲刷和除去的溶剂。

丙酮:用于冲刷和干燥试样管。

干燥空气:用于干燥振动管。

2.仪器设备

数字密度计:装有 U 形振动试样管并具有电子激发、振动频率计数及显示功能。测定过程能精确测定试样的温度和具有控制样品温度的功能。

注射器:主要用于手动进样,容积≥2 mL,带有尖嘴或与振动管口相配套的尖端。

流量或压力调节器:使用泵、压力或吸入模式把样品注入密度计的一种可选设备。

自动进样器:在自动注射分析时使用。自动进样器的设计首先必须保证测试样品的完整性,在数字密度仪测试分析和转移注入的过程中保证样品的代表性。

(三)分析步骤

1.试样取制备

实验室试样:按相关规定的方法取得代表性样品。

混匀样品,在混匀的过程中要小心避免产生气泡。因在室温下开放容器中混合样品会引起挥发性物质的损失(如汽油),所以应在密闭容器或低温条件下混合样品。对于某些试样,如黏性润滑油比较容易产生气泡,可以使用超声波浴在不加热的情况下保持 10 min,可以有效地清除气泡。

2.仪器校准

在仪器首次安装或结果指令失常,都需要进行校准。

首先用洗涤溶剂清洁和干燥试样管,然后再校准。目前常用的数字式 U 形振动管密度计都有校准程序,一般用空气和纯水进行校准,不同的仪器校准的要求不同,具体可按照仪器要求的步骤进行校准。

3.实验步骤

设定样品的测试温度,等温度稳定后,测试样品管里空气的密度,并与校准时达到的标准值比较(也可参考仪器说明书里提供的空气密度表相比较),相差应在±0.000 1 g/mL 以内。如果达不到,应重新清洗和干燥试样管,再测试 1 次。如果读数仍然超范围,则应重新校准密度计。

用合适的注射器将少量(1~2 mL)试样注入洁净、干燥的仪器试样管内,使试样管充满试样,然后塞住出口孔。通过试样管照明灯,仔细检查试样管。确认管内无气泡,且液面超过右侧的悬浮点。试样必须均匀且无气泡。如果发现气泡,把管中样品清空再重新装样,再次观察气泡。

当仪器显示第 4 位有效数字的密度值或第 5 位有效数字稳定读数时,表明已达到温度平衡,记录密度值。若仪器附带有打印机,可以将结果打印出来。

重复上述测试步骤,得出第 2 次结果。如果两次测试结果中,密度<0.000 2 g/mL,或相对密度<0.000 2,则取两次结果平均值。否则放弃两次测试结果,重新取两个新样品重复上述过程,直到满足以上要求为止。

(四)结果小结

1.计算

对于单一测试结果,所记录的值为最终结果。对于两个测试结果则取其平均值为最终结果,以密度(g/mL,kg/m³)或相对密度的方式表达。

2.报告

报告密度时,必须给出测试温度和单位。例如:密度(20℃)= 0.876 5 g/mL

或 876.5 kg/m^3。

报告相对密度时,必须同时给出测试温度和参考温度,但无单位。例如:相对密度(20/20℃ = 0.××××)。

最终结果保留 4 位有效数字。

3.精密度

重复性(95%置信水平):同一操作者,同一台仪器,在同样的操作条件下,对同一试样进行试验,所得到的两个试验结果之间的差值,在正常且正确操作下,从长期来说,20 次中只有 1 次超过以下数值(表 4-5)。

表 4-5　密度和相对密度(重复性)

范围/(g · mL^{-1})	试样	测试情况	重复性
0.71~0.78	汽油和新配方汽油	单样品测试	0.000 45
		两样品测试平均值	0.000 31
0.80~0.88	石油馏分、基础油、润滑油	单样品测试	0.000 16
		两样品测试平均值	0.000 11

再现性(95%置信水平):在不同实验室,由不同的操作者对相同的试样进行的两次独立的试验结果的差值,在正常且正确操作下,从长期来说,20 次中只有 1 次超过以下数值(表 4-6)。

表 4-6　密度和相对密度(再现性)

范围/(g · mL^{-1})	试样	测试情况	再现性
0.71~0.78	汽油和新配方汽油	单样品测试	0.001 90~0.034 4 (D-0.75)
		两样品测试平均值	0.001 95-0.031 5 (D-0.75)
0.80~0.88	石油馏分、基础油、润滑油	单样品测试	0.000 52
		两样品测试平均值	0.000 50

注:D 为密度或相对密度值。

(五)讨论

本方法进样器可分为自动进样和手工进样,如果实验室条件允许,最好采用自动进样。如采用手工进样的话,即采用针筒注射器,在进样前,应把装有足够量样品的针筒注射器口朝上,用手轻轻弹几下注射器,使样品里的气泡尽可能排出,避免气泡影响检测结果。

通过测定质控样的方式检测仪器是否在正常控制的范围内,至少每周进行 1 次质控样的检测,每次使用 1 个质控样。如果质控样的结果在控制范围外,如超出实验室的控制范围,那说明仪器需要重新校准和调整。

二、石油密度和相对密度的试验方法(数字密度计法)

(一)方法概要

密度是在指定温度下单位体积物质的质量。相对密度是在指定温度下某物质的密度和参考温度下水密度的比值。

本方法是将少量体积的液体样品(约 1 mL)加入到 U 形振动管中,管中的质量发生变化引起振荡频率的改变,由频率的改变与标准数据进行比较确定样品的密度,即相对密度。它的适用范围是在 15～35℃ 范围测定常温下是液体(0.75～0.95 g/mL)的石油的密度或相对密度。轻质的石油需要特殊处理来防止蒸气的损耗,重质的石油需要在稍高点的温度下测定,以便消除样品中的气泡。

本方法的参考方法有 ASTM D5002、SH/T 0604。

(二)设备及材料

1.试剂及材料

水:经二次蒸馏,使用前煮沸的并冷却的试剂水,作为校准物质。

洗涤溶剂:如石油醚或其他能够彻底把试样管中的试样冲刷和除去的溶剂。

丙酮:用于冲刷和干燥试样管。

干燥空气:用于干燥振动管。

2.仪器设备

数字密度计:装有 U 形振动试样管并具有电子激发、振动频率计数及显示功能。测定过程能精确测定试样的温度和具有控制样品温度的能力。

注射器:主要用于手动进样,容积至少 2 mL,带有尖嘴或与振动管口相配套的尖端。

流量或压力调节器:使用泵、压力或吸入模式把样品注入密度计的一种可选设备。

自动进样器:在自动注射分析时使用。自动进样器的设计首先必须保证测试样品的完整性,在数字密度仪测试分析和转移注入的过程中保证样品的代表性。

(三)测试步骤

1.试样取制备

实验室试样:按相关规定的方法取得代表性样品。

混匀样品,在混匀的过程中要小心避免产生气泡。因在室温下开放容器中混合样品会引起挥发性物质的损失(如汽油),所以应在密闭容器或低温条件下混合样品。对于某些试样,如黏性润滑油比较容易产生气泡,可以使用超声波浴在不加热的情况下保持 10 min,可以有效地清除气泡。

2. 仪器校准

在仪器首次安装或结果指令失常时,都需要进行校准。

首先用洗涤溶剂清洁和干燥仪器,然后再校准。目前常用的数字式 U 形振动管密度计都有校准程序,一般用空气和纯水进行校准,不同的仪器校准的要求不同,具体可按照仪器要求的步骤进行校准。

3. 实验步骤

设定样品的测试温度,等温度稳定后,测试 U 形管里空气的密度,并与校准时达到的标准值比较(也可参考仪器说明书里提供的空气密度表相比较),相差应在 ±0.000 1 g/mL 以内。如果达不到,应重新清洗和干燥试样管,再测试 1 次。如果读数仍然超范围,则应重新校准密度计。

用合适的注射器将少量(约 1 mL)试样注入洁净、干燥的仪器试样管内,使试样管充满试样,然后塞住出口孔。在样品管里,颜色较深的石油样品中很难发现小气泡,但通过测定样品密度值,观察其波动情况就可以判断有没有气泡在样品管里。气泡可以导致读数有较大的随意变化,对于密度读数,气泡可导致第 3 和第 4 位有效数字有变化。如果在样品管里的样品没有气泡,且样品已达到检测温度,那么,显示的数值是稳定的,不飘移,只是最后一位有效数字有 ±2 变化。如果几分钟内都没测到稳定的读数,那么就重新注射新的样品到样品管里。

当仪器显示第 4 位有效数字的密度值或第 5 位有效数字稳定读数时,表明已达到温度平衡,记录密度值。若仪器附带有打印机,就可以将结果打印出来。

重复上述测试步骤,得出第 2 次结果。如果两次测试结果中,密度 ≤0.000 2 g/mL,或相对密度 ≤0.000 2,则取两次结果平均值。否则放弃两次测试结果,重新取两个新样品重复上述过程,直到满足以上要求为止。

(四) 结果小结

1. 计算

对于单一个测试结果,所记录的值为最终结果。对于两个测试结果则取其平均值为最终结果,以密度(g/mL,kg/m³)或相对密度的方式表达。

2. 报告

报告密度时,必须给出测试温度和单位。例如,密度(20℃)为0.876 5 g/mL或 876.5 kg/m³。

报告相对密度时,必须同时给出测试温度和参考温度,但无单位。例如:相对密度(20/20℃ = 0.××××)。

最终结果保留 4 位有效数字。

3.精密度

重复性:同一操作者,同一台仪器,在同样的操作条件下,对同一试样进行试验,所得到的两个试验结果之间的差值,在正常且正确操作下,从长期来说,20 次中只有 1 次超过以下数值(表 4-7)。

范围　　　重复性

0.75~0.95　0.00105X

X = 样品的密度值。

再现性:在不同实验室,由不同的操作者对相同的试样进行的两次独立的试验结果的差值,在正常且正确操作下,从长期来说,20 次中只有 1 次超过以下数值(表 4-7)。

范围　　　重复性

0.75~0.95　0.00412X

X = 样品的密度值。

表 4-7　数字密度计法精密度值

密度/(g·mL^{-1})	重复性	再现性
0.70	0.000 7	0.002 9
0.75	0.000 8	0.003 1
0.80	0.000 8	0.003 3
0.85	0.000 9	0.003 5
0.90	0.000 9	0.003 7
0.95	0.001 0	0.003 9

(五)讨论

本方法进样器可分为自动进样和手工进样,如果实验室条件允许的话,最好采用自动进样。如采用手工进样的话,可以采用针筒注射器,在进样前,应把装有足够量样品的针筒注射器口朝上,用手轻轻弹几下注射器,使样品里的气泡尽可能排出,避免气泡影响检测结果。

由于石油的黏度影响造成偏差 0.001 kg/L,操作人员可用密度瓶测定法来检查是否需要作黏度修正,也可以使用化学特性和黏度类似于样品的校准标样,可使黏度的影响减到最小值。目前常用的数字式 U 形振动管密度计一般都带有黏度校正功能,不需要另外校对。

通过测定质控样的方式检测仪器是否在正常控制的范围内,至少每周进行一次质控样的检测,每次使用一个质控样。如果质控样的结果在控制范围外,如超出实验室的控制范围,那说明仪器需要重新校准和调整。

在测试完含有溶解盐的石油后,应用洗涤溶剂冲洗,然后用蒸馏水清洗试样管。如果试样管出现用洗涤溶剂洗不掉的有机沉淀物,可用铬酸洗液注入试样管清洗,排掉溶液后,用蒸馏水清洗,再用与水互溶的洗涤溶剂清洗,接着用清洁干燥的空气吹干。

第三节　石油及其产品黏度的测定方法

一、方法概要

许多石油产品及非石油材料均被用作润滑油,而且一些装置也必须确定所用液体的黏度才能够正确被使用。此外,运动黏度数值对判断很多石油燃料的存储方式、处理方法及操作条件有重要的意义。因此,精确测定运动黏度对很多产品是至关重要的。

本测试方法适用于所有温度条件,运动黏度在 $0.2 \sim 300\,000.0\ \mathrm{mm^2/s}$ 的液体的动力学运动黏度的测定,主要是通过测量一定体积的液体,在重力作用下流经校准过的玻璃毛细管黏度计所需的时间,来确定包括透明及不透明液体石油产品的运动黏度的方法。其中动力学黏度等于运动黏度乘以液体密度。通过本方法获得的结果取决于样品自身行为,并仅限于测定切应力和剪切速率成比例的液体(即遵守牛顿流体力学行为的液体)。否则,如果黏度随剪切速率变化而产生明显的变化时,采用不同直径毛细管黏度计测量同一液体时,将会得到不同的结果。其中精密度的测定仅限于运动黏度范围和测试温度范围在相关部分的脚注中标示出的液体。

本方法参考的标准有 ASTM D445、GB/T 265、GB/T 111370

二、设备和材料

(一)材料

铬酸洗液(或者使用不含铬但是具有强氧化性的酸作为洗液)。

样品溶剂:能够与样品完全混合,并且需过滤后方能使用。

对于大多数样品而言,溶剂油和石脑油可作为溶剂使用。对于残渣燃料油运动黏度的测定,则或许需要使用芳香烃类溶剂诸如甲苯或者二甲苯预洗,以除去沥青。

干燥试剂:易挥发且可与样品及水混合。使用前过滤。丙酮适用于作干燥试剂。

试验用水:去离子水或者蒸馏水。使用前过滤。

(二) 仪器

运动黏度计:必须使用校正过的玻璃毛细管运动黏度计,并能够满足本方法所提出的精密度要求范围。

自动运动黏度计:只要自动仪器能够模仿它们所替代的手动仪器的物理环境、操作过程和步骤,就可以使用。在自动仪器中被合成一体的任何一个黏度计、温度测量装置、温度控制、温度控制浴或者计时装置应当符合本测试方法陈述的相应组件的规定。动力能量校正应不超过测量黏度的3.0%。精密度的统计应等同或更好于手动仪器。

黏度计支架:使用的黏度计支架应使黏度计悬挂时,上下两个弯月液面保持垂直状态,其与垂直方向的任何夹角不得>1°。运动黏度计在保持垂直状态时,上下两个弯月的偏移量不得>0.3°。

运动黏度计应当放置在与校准温度或者校准证书上注明的测试温度相同的恒温浴中。对于L型黏度计,为确保其能够垂直放置,可采用以下方法:①安装一个固定器固定好黏度计,确保其垂直;②在L型黏度计上设计安装一个气泡水平仪;③在L型黏度计上悬挂铅垂线;④在恒温水浴内部安装相关装置,确保L型黏度计的垂直放置。

恒温浴装置:恒温浴采用透明液体作为介质,液体有足够深度,以确保在运动黏度测定过程中,恒温浴液面高于检测样品至少20 mm,而黏度计底部则要高于恒温浴底部至少20 mm。

温度控制:测量连续流动时间时,浴液的控温范围为15~100℃,对于恒温浴介质,其与黏度计等高的范围内,在几个黏度计之间的部分,以及在温度计的放置处,各部分的温度与设定温度误差不得超过±0.02℃。测量温度在15~100℃范围之外时,恒温介质温度与设定温度的偏离不得超过±0.05℃。

0~100℃的温度控制装置:使用计量过的精度≥±0.02℃的温度计或者具有相同精度的热力学装置来监控温度。

如果使用计量过的温度计监控温度,本方法推荐使用两个不同温度计进行对比,其温度差异不得超过0.04℃。

在0~100℃范围之外的温度控制装置:使用计量过的精度±0.05℃的温度计或者使用具有相同或更好精度的热力学装置来监控温度,如果使用两个不同温度测量装置监控相同恒温浴的温度,其温度差异不得超过 0.1℃。

当温度计读数需使用放大装置读取时,要估读到 1/5 刻度值(例如 0.01℃ 或 0.02℉),以确保设定温度与恒温浴实际温度吻合。建议将恒温浴实际温度相对于设定温度的波动进行记录(包括温度计上的校准证书提供的任何校准),以证明恒温浴实际温度与设定温度是否相一致,保留这些数据尤其对于研究与测试准确性和精密度相关的因素很有意义。

时间测定装置:所使用的时间测量装置的精密度要达到 0.1 s 或者更高,对同一样品,其读取的最大及最小流动时间的误差不得超过 0.07%。

如果使用电子装置来读取时间,则该装置的电流频率控制的精密度必须达到 0.05% 或者更高。公用电力系统所使用的交流电是间歇性而非持续性的,所以如果用来给精密的时间测量装置供电,会给流体流动时间的测量带来很大的误差。

三、测试步骤

调节黏度计恒温浴温度至测定温度,在测定过程中,温度计必须垂直悬挂,并且其浸没在恒温浴中的位置要与校准时的位置相同。为了获得可靠的温度读数,建议同时使用两个校准过的温度计。在对温度计读数时,应当安装一个可放大 5 倍的放大镜,以消除目视读数误差。

在测定样品时,需选择清洁、干燥并校准过的黏度计。首先估计待测样品的运动黏度值,选择合适黏度计,确保样品的运动黏度值在黏度计测定范围内(黏稠样品选择毛细管直径粗的黏度计,反之选择较细毛细管黏度计)。测定的液体流动时间不得低于 200 s。也不能大于所用类型黏度计规定的上限。

(一)透明液体测定

需按照仪器说明来向黏度计中添装待检测的液体,添装液体的条件要与对仪器进行校准时一致。如果样品中可能或者确实存在纤维状物体或者固体颗粒,需对样品在测定前或者测定时用 75 μm(200 目)筛进行过滤后方可测定。

在通常情况下,测量透明液体运动黏度时,使用列出的黏度计 A 和黏度计 B。

某些产品为凝胶体,测量其运动黏度时,需将其加热至足够高的温度,使得液体能够自由流动时,才能测量液体的流动时间。这样才能够保证使用不同毛细管直径的黏度计测量该液体时,可以获得相同的结果。

添装液体后的黏度计应当在恒温浴中放置足够长的时间,以确保液体的温度与恒温浴温度一致。在一般情况下,一个恒温浴可同时容纳多个黏度计,但是在某黏度计正在测量流动时间的过程中,不得加入或者取出其他黏度计,或是清洗黏度计。

因为样品的平衡时间因不同的仪器设备、测量温度、运动黏度计而异,所以测量实验室需通过试验来确定合适的平衡时间。除了具有很高运动黏度的样品以外,对多数样品来说,在恒温浴中平衡 30 min 已足够。当样品在恒温浴中平衡时间达到后,按照黏度计设计的要求,将液体体积调整至黏度计的刻度线以上。

采用抽提(如果样品不含易挥发成分)或者加压的方法调整液面时,除非在黏度计的使用说明书上注明了液面调整至何处,否则按照本方法,液面调整到黏度计毛细管臂的第一条计时刻度线以上 7 mm 处。在液体自由流动时,测量液体的弯月面流经两条计时刻度线的时间,精确至 0.1 s。如果测量的时间值低于本方法要求的最低值,则需要选择更小直径的毛细管黏度计重新测量。

同一样品需按照上述测量过程重复测量两次,得到两次测量的流动时间值,并记录测量结果。通过两次测量的时间计算运动黏度值。

如果两次获得的运动黏度值之间的差异能够满足要求,对两次测定结果计算平均值,即为样品的运动黏度值,记录结果。反之,则对黏度计彻底清洗后干燥,并对样品进行过滤,再对样品进行两次重复测定,直到测量的平行结果的差异能够满足要求。

如果材料本身或者测试温度或者两者都没有在测定值的比较中列出,用0.5%作为可测定的估计值。

(二)不透明液体测定

对于气缸油和黑色润滑油,需按照本方法双样测定部分进行操作,以确保所用的样品完全具有代表性。残渣燃料油和蜡产品的运动黏度的测定容易受测定前加热融解过程的影响,通常,不透明液体采用逆流型黏度计测定运动黏度,以尽可能消除加热融解过程的影响。

在样品测定运动黏度之前,将样品装入适当容器内,在控温(60±2)℃的恒温炉中预加热 1h。使用足够长的搅拌棒充分搅拌样品(能够搅拌至容器底部)。持续搅拌容器内样品直到搅拌棒上不再附着泥状或者蜡状样品为止。

将容器口密封,强力摇动 1 min,使液体完全混合均匀。具有较强蜡质或运动黏度较高的样品,可能需要高于60℃的温度来加热样品,确保样品能够混合均匀,样品应当加热至具有充分的流动性,并易于搅拌和摇动。

完成上面步骤后立刻将足够样品倾倒入两个黏度计的 100 mL 细颈瓶中,并松散地盖上盖子。将细颈瓶浸没在沸水浴中 30 min,将细颈瓶从水浴中取出后,盖紧瓶塞,强力摇动 60 s。

双样测定样品运动黏度的操作,是测定样品时需要两只相同的黏度计进行平行样品测定,在每次使用后进行彻底清洗的黏度计。如果仅使用一只黏度计进行平行测定,则测定完第 1 次后需立刻进行第 2 次测定,此时黏度计可以不用清洗。向黏度计中注入待测液体需按照仪器说明设计的方法进行。例如,对于横臂黏度计或者测定不透明液体的 BSU 型管黏度计,将黏度计置于恒温浴前,需用 75 μm 过滤器过滤液体后再注入黏度计中。对于受温度影响的液体,需使用预先加热过的过滤器对液体进行过滤,以防止液体在过滤过程中凝结。

因液体需在黏度计置于恒温浴前注入黏度计中,故黏度计需要在注入液体前,在恒温炉中进行预加热。该步骤能够确保液体温度不被冷却至低于测试温度。10 min 后,按照黏度计规范调整样品体积使之与填充刻度线一致。

添装液体的黏度计应当在恒温浴中放置足够长的时间,以确保液体的温度与恒温浴温度一致。在一般情况下,一个恒温浴可同时容纳多个黏度计,但是在某黏度计正在测量流动时间的过程中,不得加入或者取出其他黏度计,或是清洗黏度计。

随着样品自由流动,测量流动弯液面与第 1 条定时刻度线及第 2 条定时刻度线相切时的时间间隔,精确至 0.1 s,记录测定结果。

如果样品需要进行加热处理,则需要在 1 h 以内按照步骤完成流动时间的测定,记录测定结果。由测量的流动时间计算运动黏度,单位为 mm^2/s。以此作为两个测定的运动黏度数值。

对于残渣燃料油,如果两次获得的运动黏度值之间的差异能够满足要求,对两次测定结果计算平均值,即为样品的运动黏度值,记录结果。反之,则对黏度计彻底清洗后干燥,并对样品进行过滤,再对样品进行两次重复测定,直到测量的平行结果的差异能够满足要求。如果材料本身或者测试温度或者两者都没有在确定值的比较中列出,则作如下处理:测定温度在 15~100℃ 时,测定结果的准确度应在 1.0% 以内;测定温度超出 15~100℃ 范围之外的,测定结果的准确度则为 1.5%。必须意识到,这些材料可能不遵守牛顿流体力学性质,样品在测定过程中可能会从溶液中带入固体颗粒。

四、结果小结

(一)计算

从测定得到的流动时间 t_1 和 t_2 以及黏度管常数 C,按照如下公式计算样品的运动黏度 v_1 和 v_2:

$$v_{1,2} = C \times t_{1,2} \tag{4-1}$$

式中:

$v_{1,2}$——分别测得的两个运动黏度 v_1 和 v_2,mm²/s;

C——黏度管的校准常数(或者黏度管常数),mm²/s²;

$t_{1,2}$——两次分别测定的样品的流动时间 t_1、t_2,s。

样品的运动黏度是 v_1 和 v_2 的平均值。

从测定得到的运动黏度 v 和密度 ρ,按照如下公式计算动力学黏度 η:

$$\eta = v \times \rho \times 10^{-3} \tag{4-2}$$

式中:η——动力学黏度,mPa·s;

   ρ——密度,kg/m³,此密度测定温度与运动黏度测定温度相同;

   v——运动黏度,mm²/s。

样品密度需在与运动黏度测定时相同的温度下测定。

计量单位均使用 SI 单位制。运动黏度的 SI 单位为 mm²/s,动力学黏度的 SI 单位为 mPa·s(1 mm²/s = 10⁻⁶m²/s = 1 cSt,1 mPa·s = 1 cP = 0.001 Pa·s)。

(二)报告

出具检测结果时,可以给出运动黏度或者动力学黏度,或者两者同时给出,保留四位有效数字,并同时提供测定温度。

(三)精密度

1.测定值的比较

确定性(d):由同一操作人员,在同一实验室内,使用同一仪器,经过一系列导致单一结果的操作。最后,本测试方法在正常和正确使用的前提下,连续测定得到的数值的差异,超出所显示数值的概率≤1/20:

基础油在40℃和100℃	0.0020y(0.20%)
调配润滑油在40℃和100℃	0.0013y(0.13%)
调配润滑油在150℃	0.015y(1.5%)
石蜡在100℃	0.0080y(0.80%)
残渣燃料油在80℃和100℃	0.011(y+8)
残渣燃料油在50℃	0.017y(1.7%)
添加剂在100℃	0.00106y^{1.1}
粗柴油在40℃	0.0012(y+1)
喷气燃料在-20℃	0.0018y(0.18%)

其中,y=被比较的两个测定结果的平均值。

2.结果比较

重复性(r):同一操作者,同一台仪器,在同样的操作条件下,对同一试样进

行试验,所得到的两个试验结果之间的差值,在正常且正确操作下,从长期来说,20 次中只有 1 次超过以下数值:

基础油在 40℃ 和 100℃	$0.0011x(0.11\%)$
调配润滑油在 40℃ 和 100℃	$0.0026x(0.26\%)$
调配润滑油在 150℃	$0.0056x(0.56\%)$
石蜡在 100℃	$0.0141x^{1.2}$
残渣燃料油在 80℃ 和 100℃	$0.013(x+8)$
残渣燃料油在 50℃	$0.015x(1.5\%)$
添加剂在 100℃	$0.00192x^{1.1}$
粗柴油在 40℃	$0.0043(x+1)$
喷气燃料在 -20℃	$0.007x(0.7\%)$

其中,$x=$ 被比较的两个测定结果的平均值。

再现性(R):在不同实验室,由不同的操作者对相同的试样进行的两次独立的试验结果的差值,在正常且正确操作下,从长期来说,20 次中只有 1 次超过以下数值:

调配润滑油在 40℃ 和 100℃	$0.0065x(0.65\%)$
调配润滑油在 150℃	$0.0076x(0.76\%)$
石蜡在 100℃	$0.018x(1.8\%)$
残渣燃料油在 80℃ 和 100℃	$0.0366x^{1.2}$
残渣燃料油在 50℃	$0.04(x+8)$
添加剂在 100℃	$0.074x(7.4\%)$
粗柴油在 40℃	$0.0082(x+1)$
喷气燃料在 -20℃	$0.019x(1.9\%)$

其中,$x=$ 进行比较的两个检测结果的平均值。

使用过的油无法确定精密度,但是预计其精密度比调合润滑油的精密度更差。由于这些使用过的油成分复杂,所以它的测量精密度很难预测。

五、讨论

使用黏度计必须是正常的垂直状态,否则会造成柱高差,影响结果。测试样必须用 200 目金属滤网过滤去除机械杂质,并脱水。同时油样里不能有气泡。

在连续测定运动黏度时,每测完一个样品,需要先使用溶剂油对黏度计进行彻底清洗,然后用干燥溶剂对黏度计进行清洗。干燥黏度计管时,采用持续缓慢鼓吹过滤后的干燥空气进入管口 2 min 或者等管内壁无残存溶剂后停止。

需定期用清洗液对黏度计进行清洗,用清洗液浸泡管内壁几小时以彻底除去黏度计管内壁残存的有机物痕迹,然后用水彻底清洗,再用干燥溶剂清洗内壁,最后用过滤后的干空气或者真空管干燥黏度计。如果怀疑黏度计内壁残存的有机残渣中很可能存在钡盐,需使用盐酸将黏度计先清洗 1 遍,再使用清洗酸液来洗涤黏度计,不得使用碱性清洗液洗涤黏度计,否则黏度计内壁会被腐蚀而使刻度发生变化。

在检验中,需要使用铬酸,因为铬酸有毒,对身体健康有害,是众所周知的致癌物质,具有强腐蚀性,在与有机物质接触时,具有潜在的危险性,所以需戴上防护面具,穿能够防护全身的防护服包括戴防护手套,避免使用过程中吸入蒸气。使用过的铬酸洗液需妥善处理,因其毒性仍然存在。不含铬的强氧化性酸洗液尽管也具有强腐蚀性,且与有机物质接触时也有潜在的危险性,但是在使用后的废洗液的处理问题方面没有特殊要求。另外,检验中使用的丙酮极其易燃,应注意使用和保管。在检验过程中,操作细颈瓶浸没在沸水浴中时要注意,当含水分较高的不透明油品被加热至较高温度时,会产生爆沸。

第四节　石油产品残炭的测定方法

一、方法概要

各种石油产品的残炭值是用来估计该产品在相似的降解条件下,形成碳质型沉积物的大致趋势,提供石油产品相对生焦倾向的指标。

本方法适用于石油和石油产品残炭的测定,测定残炭的范围是 0.10%～30%(m/m)。当残炭值低于 0.1%(m/m)时,需蒸馏,去掉烧瓶中样品的 90%,再对 10%(V/V)蒸馏残余物,使用本方法测试残炭。它的操作原理是将已称重的试样放入一个玻璃管中,在惰性气体(氮气)的保护下,在一定的时间内,按规定的温度程序升温,将其加热到 500℃,样品发生焦化反应,其过程生成的挥发性物质由氮气带走,留下的碳质型残渣占原样品的百分数即为微量残炭值。

本方法的参考标准方法有 ASTM D4530、GB/T 17144。

二、仪器设备

微量残炭测定仪主要由成焦箱和玻璃样品管组成。
玻璃样品管:容量 2 mL,外径 12 mm,高约 35 mm。
大玻璃样品管:容量 15mL[直径 20.5～21.0 mm,高(70±1)mm],用于测试残炭值低于 0.1%(m/m)的试样,因此须确定合适的残炭。要注意的是,本方法中的精密度仅适用于 2 mL 的样品管(残炭在 0.3%～26%),而不适用于大样品管。

滴管或玻璃棒:称量样品时取样用。

成焦箱:有一个圆形燃烧室,直径约 85 mm,深约 100 mm,顶部进样,能够以每分钟 10~40℃的加热速率加热到 500℃,还有一个内径为 13 mm 的排气孔,燃烧室内腔用预热的氮气吹扫(进气口靠近顶部,排气孔在底部中央)。在成焦箱燃烧室里放置一个热电偶或热敏元件,在靠近样品管壁但用不与样品管壁接触处进行探测。该燃烧室还带有一个可隔绝空气的顶盖。蒸气冷凝物绝大部分直接流入炉室底部可拆卸的收集器中。

样品管支架:它是一个由金属铝制成的圆柱体,直径约 76 mm,厚约 16 mm,柱体上均匀分布 12 个孔(放样品管)。每隔孔深 13 mm、直径 13 mm、每孔均排在距周边约 3 mm 处,架上有 6 mm 长的支脚,用来在炉室中心定位,边上的小圆孔用来作为起始排列样品位置的标志。

当使用大的玻璃样品管时,应使用改进了的标准样品管支架。改进后的样品管支架柱体上均匀分布 6 个孔,类似 12 个孔,每隔孔深约 16 mm、直径(21.2±0.1)mm,为环状模块。

热电偶:用于控制温度范围,包括一个外温读数装置,单位为℃。

分析天平:最小 20 g 的称重能力,灵敏度为±0.1 mg。

氮气:纯度要求 99.998%以上,用双级调节器后提供压力为 0~200 kPa。可使用零级氮钢瓶。

三、测试步骤

(一)样品准备

称量干净的样品管,记录其质量,精确至 0.1 mg。在取样和称量过程中,用镊子夹取样品管,以减少称量误差。用过的样品管应废弃。

试验之前搅拌样品,如有必要,加热以降低样品黏度。样品若是均匀的液体,可用注射器或滴管等直接注入样品管中。

把适量的样品(表 4-8)装入到已称重的样品管,再称量,称准至 0.1 mg,并记录下来。把装有试样的样品管放入样品管支架上(最多 12 个),根据指定的标号记录试样对应的位置。

(二)操作步骤

在炉温低于 100℃时,把装满试样的样品管支架放入炉膛内,并盖好盖子,再以流速为 600 mL/min 的氮气流至少吹扫 10 min。然后把氮气流速降到 150 mL/min,并以 10~15℃/min 的加热速率将炉子加热到 500℃。

表 4-8 推荐试样量

样品种类	预计残炭值[%(m/m)]	试样量/g
黑色黏稠液体或固体	>5	0.15±0.05
褐色黏稠液体	1~5	0.5±0.1
润滑油,10%残余物	0.1~1	1.5±0.5
大样品管	<0.1	5.0±1.0
小样品管	<0.1	1.5±0.5

若样品管中试样起泡或溅出引起试样损失,舍弃该样品,重新试验。

使加热炉在(500±2)℃时恒温 15 min,然后自动关闭加热炉电源,并让其在氮气流(600 mL/min)吹扫下自然冷却。当炉温降到低于 250℃时,把样品管支架取出,并将其放入干燥器中在天平室进一步冷却。

称重:用镊子夹取样品管,把样品管移到干燥器中,让其冷却到室温,称量样品管,称至 0.1 mg,并记录下来。用过的样品管一般应废弃。

定期检查加热炉底部的废油收集瓶,必要时将其内容物倒掉后再放回。

如果轻质燃料油的预计残炭含量低于 0.1%(V/V),需要使用 10%蒸余物残炭的方法来测定。

为了收集足够数量 10%(V/V)的残留物,需要做蒸馏分析,起始体积可以是 100 mL 或者 200 mL。对于 100 mL 的蒸馏,按照 E133 规范中的描述装配蒸馏装置,装配蒸馏装置时用 B 烧瓶(球体容量 125 mL)、开口直径为 50 mm 的烧瓶支承板、B 量筒(容量 100 mL)。对于 200 mL 的蒸馏,装配蒸馏装置时用 D 烧瓶(球体容量 250 mL)、开口直径为 50 mm 的烧瓶支承板、C 量筒(容量 200 mL)。温度计并非必需,但建议使用规范 E1 所述 8F 或 8C 高蒸馏温度计,或使用 IP 标准的 6C 高蒸馏温度计。

根据蒸馏所用的烧瓶,称量其皮重,置于 13℃至室温的环境中,在室温下用量筒量取 100 mL 或 200 mL 的样品,置入该烧瓶。保持冷凝水浴温度介于 0~60℃,以提供充足的样品冷凝温差,同时可避免任何蜡质凝固。使用量取样品的量筒,不用清洗,直接用于收集冷凝液,注意摆放位置,不能让凝结器末梢接触量筒内壁。保持量筒的温度与量取样品时的温度相同(温差<±3℃),以使接收的烧瓶内的冷凝液能被准确计量。

调节加热器匀速加热烧瓶,使第一滴冷凝液滴出的时间距加热开始 10~15 min(对 200 mL 样品)或 5~15 min(对 100 mL 样品)。第一滴冷凝液落下后,移动量筒使冷凝器尖端接触量筒内壁。然后调节加热器,使蒸馏保持在 8~10 mL/min 的匀速(对 200 mL 样品)或 4~5 mL/min 的匀速(对 100 mL 样品)。对于 200 mL 的样品,连续加热至收集约 178 mL 馏分,然后间断加热,让馏分自然流出至量筒收集满 180 mL[90%(V/V)由烧瓶收取]。对于 100 mL 的样品,连续加热至收集约 88 mL 馏分,然后间断加热,让馏分自然流出至量筒收集满 90 mL[90%(V/V)由烧瓶收取]。

如果还有余滴,立即用合适的容器,例如一个小的锥形瓶,替换量筒。趁此容器尚暖,将蒸馏烧瓶内的蒸馏残液倒入,摇匀。此容器内的内容物即代表原物料 10%(V/V)蒸馏残液。

若蒸馏残液太粘以至于在室温下无法自由流动,就必须对其加温至足够温度,使部分物料移至预称量过的分析瓶中(表 4-8)。待分析瓶中的物料冷却至室温,确定试样的质量至接近 0.1 mg,进行残炭测试。

四、结果小结

(一)计算

计算原始试样的残炭值或 10% 蒸余物的残炭值。

计算残炭的百分比如下:

$$残炭值\% = (A \times 100) \qquad (4-3)$$

式中:

A=残炭的重量,g;

W=试样的重量,g。

(二)报告

对于数值 10% 以下,报告为微量残炭值,结果精确至 0.01%(m/m)。对于数值 10% 以上,报告值精确至 0.1%(m/m)。对于用微量法测定 10% 蒸馏残留物的残炭,结果百分比精确至 0.1%(m/m)。

(三)精密度

重复性:同一操作者,同一台仪器,在同样的操作条件下,对同一试样进行试验,所得到的两个试验结果之间的差值,在正常且正确操作下,从长期来说,20 次中只有 1 次超过该数值。

再现性:在不同实验室,由不同的操作者对相同的试样进行的两次独立的试验结果的差值,在正常且正确操作下,从长期来说,20 次中只有 1 次超过该数值。

五、讨论

样品中的灰分或存在于样品中的不挥发性添加剂将作为残炭增加到样品的

残炭值中,并作为总残炭的一部分并包括在测定结果中。还有些含有硝酸烷基酯的柴油,如含有硝酸戊酯、硝酸己酯或硝酸辛酯,观测的残炭值比未经处理柴油的残炭值高,这可能得出此柴油将产生焦炭的错误结论。

本方法测定的结果等同于康氏残炭测定法测定结果。

每批试验样品可以包含一个参比样品。为了确定残炭的平均百分含量和标准偏差,此参比样品应是在同一仪器至少测试过 20 次的典型样品,应保证被测样品的准确性。当参比样品的结果落在该试样平均残炭的百分数±3 倍标准偏差范围内时,则这批样品的试验结果认为可信。当参比样品的测试结果在上述极限范围以外时,则表明试验过程或仪器有问题,试验无效。

样品管试样飞溅的原因可能是由于试样含水所造成的。可以先在减压状态下慢慢加热,然后再用氮气吹扫以赶走水分。另一种方法是减少样品量。

因为空气(氧气)的引入会随着挥发性焦化产物的形成产生一种爆炸性混合物,这会不安全,所以在加热过程中,任何时候都不能打开加热炉的盖子。在冷却过程中,只有当炉温降至 250℃时,方可打开炉盖。在样品管支架从炉中取出后,才可停止通氮气。生焦箱放在实验室的通风柜内,以便及时排放烟气,也可将加热炉排气管接到实验室排气系统。不能直接将加热炉排气管接到实验室排气系统,要避免管线造成负压。

加热炉底部的废油收集瓶中的冷凝物,可能含有一些致癌物质,应该避免与其接触,并按照可行的方法对其掩埋或处理。

第五节　石油产品闪点的测定法

一、石油产品闭口闪点的测定法(宾斯基-马丁法)

(一)方法概要

在规定的条件下,将油品加热,随着油温的升高,油蒸气在空气中(液面上)的浓度也随之增加。当升到某一温度时,油蒸气和空气组成的混合物与火焰接触发出瞬间闪火,把产生这种现象的最低温度称为石油产品的闪点,以℃表示。闪点是一个重要的油品安全指标,根据闪点可以鉴定石油产品发生火灾的危险性。因为闪点是火灾危险出现的最低温度,闪点愈低,燃料愈易燃,火灾的危险性也愈大。闪点(闭口)在 45℃以下的油品称为易燃品,闪点(闭口)在 45℃以上的石油产品称为可燃品。在油品储运和使用过程中,应根据其闪点的高低,采取相应的防火安全措施。

石油产品闪点测试的参考标准主要有 ASTM D93、ASTM D56、ASTM D92、GB/T 261、GB/T 267、GB/T 3536,分为开口杯法和闭口杯法。选择开口杯法还是闭口杯法,主要取决于石油产品的性质和使用条件,通常蒸发性较大的轻质石油产品多用闭口杯法测定。对于多数润滑油和重质油,尤其是在非密闭的机械或温度不高的条件下使用的石油产品,即使有极少量的轻质馏分掺和其中,也会在使用过程中蒸发掉,不会构成着火或爆炸的危险,这类产品都采用开口杯法测定。

本方法可测定闪点温度在 40~360℃ 的石油产品的闪点和闪点温度在 60~190℃ 的生物柴油的闪点,包括测试方法 A、测试方法 B 和测试方法 C。测试方法 A 适用于馏分燃料(柴油、生物柴油混合物、煤油、燃油、涡轮油)、新的和用过润滑油以及部分不包括测试方法 B 或测试方法 C 的范畴之内的其他均相液体。测试方法 B 适用于残渣燃料油、残渣回收油、用过的润滑油、混有固体的液体石油、在测试条件下表面趋于成膜的液体石油,动力黏度较大、在测试方法 A 的加热和搅拌条件下加热不均匀的石油液体。测试方法 C 适用于生物柴油(B100)。生物柴油里残留醇的闪点用手动闪点测试很难观察,用自动电子闪点设备测定比较合适。测试原理是采用 3 种方法中的 1 种(A、B 或 C),用特制的黄铜杯,装待测试的样品至刻线处,盖上特制的盖子,加热并以一定速率搅拌。以规定的温度间隔,中断搅拌后迅速点火直到样品发生瞬间闪火。

(二)设备及材料

1.试剂

清洗溶剂:用合适的溶剂清洗试验杯和试验杯盖上的样品并干燥试验杯。常用的溶剂有甲苯和丙酮(甲苯、丙酮和许多溶剂都可燃并对身体有害。处理溶剂和废样品需与当地规定一致)。

2.仪器设备

宾斯基-马丁闭口杯(手动):这套设备由试验杯、试验杯盖和防护屏、搅拌装置、热源、点火装置、空气和顶板组成。

宾斯基-马丁闭口杯(自动):这套设备是和测试方法 A、测试方法 B、测试方法 C 一致的自动闪点测试仪。这套设备会用到试验杯、试验杯盖和屏风、搅拌装置、火源和点火装置。

温度测定装置:如下所示的温度计范围或电子温度测量装置如电阻温度计或热电偶。设备应与水银温度计有相同的温度。

温度范围	温度计号	
ASTM	IP	
−5~110℃	9C	15C

| 10~200℃ | 88C | 101C |
| 90~370℃ | 10C | 16C |

点火火源:天然气、罐装天然气和电子点火器(热丝)都可以用来点火。电子点火器应是热丝型并且与天然气火焰装置一样应将火源的加热部分置于试验杯盖开口之上。

气压计:精度±0.5 kPa。

(三)测试步骤

1.测试方法 A
(1)手动仪器。

将试样倒入试验杯至加料线,试验杯和试样的温度应至少在预期闪点以下18℃。如果加入的试样过多,用注射器移走或者用相同的容器倒出液体。盖上试验杯盖,组装好仪器,确保试验装置或测定装置均装好后,再插入温度计。

点燃试验火焰,将火焰直径调节为3.2~4.8 mm,或者打开电子打火器,按仪器说明书的要求调节电子点火器的强度。将温度测定装置设置试样以5~6℃/min的速率升温,同时将搅拌装置调到90~120 r/min。

如果试样的预期闪点是110℃或低于该温度,从低于预期闪点(23±5)℃开始点火,试样每升高1℃重复点火1次。中断搅拌,用试验杯盖上的滑板操作旋钮和点火装置点火,要求火焰在0.5s内下降至试验杯的蒸气空间内,并停留1 s,然后迅速升高回至原位置。如果试样的预期闪点是110℃以上,从预期闪点以下(23±5)℃开始点火,试样每升高2℃重复点火1次(使用自动仪器时,为安全考虑,强烈建议:预期闪点在130℃以上时,达到预期闪点以下28℃时每升高10℃重复点火,接下来遵从点火程序。这减少了起火的可能性,也不会影响结果。研究表明该点火测试不明显影响到本测试方法的重复性)。

当试样易挥发时,不需要按上述点火源的温度限制。当试样的预期闪点未知,在(15±5)℃开始测试。当试样非常黏稠时,在测试前先加热至流动,但是加热温度不应超过预期闪点以下28℃。当样品杯加热超过该温度时,样品必须冷却至比预期闪点低18℃才能转移。如果试样的预期闪点是110℃或低于该温度,高于起始温度5℃开始点火。

记录火源引起试验杯内产生明显着火的温度,作为试样的观察闪点。试样点火时如有火焰,不要把试样火焰周围的蓝色光轮或扩大的火焰当作真实的闪点,这不是闪点,应忽略。

最初点火时测试到闪点,不要继续测试,将结果舍弃,用新的试样重复试验。用新的试样在最初测试到的预期闪点以下(23±5)℃开始点火。

如果所记录的观察闪点温度与最初的点火温度的差值少于 18℃ 或高于 28℃,认为此结果是个参考值。应用新试样重复试验,调整最初的点火温度。新试样的最初点火温度应为预期闪点以下(23±5)℃。

当仪器冷却到安全温度,低于 55℃ 时,移走试验杯盖和试验杯,并按厂家说明清洗仪器。

(2)自动仪器。

自动仪器应按手动仪器的方法使用,包含加热速率控制、试样的搅拌、点火源的使用、闪点的测试、记录闪点。

2.测试方法 B

(1)手动仪器。

将试样倒入试验杯至加料线。试验杯和试样的温度应至少在预期闪点以下 18℃。如果加入的试样过多,就用注射器移走或者用相同的容器倒出液体。盖上试验杯盖,组装好仪器,确保试验装置或测定装置均装好后,再插入温度计。

点燃试验火焰,将火焰直径调节为 3.2~4.8 mm,或者打开电子打火器,按仪器说明书的要求调节电子点火器的强度。

将搅拌装置调到(250±10)r/min。将温度测定装置设置试样以 1.0~1.6℃/min 的速率升温。

除此之外,按测试方法 A 的操作进行。

(2)自动仪器。

自动仪器应如手动仪器中所述的方法使用,包含加热速率控制、试样的搅拌、点火源的使用、闪点的测试、记录闪点。

3.测试方法 C

手动仪器——确保带有闪点测试的电子测定系统

将试样倒入试验杯至加料线。试验杯和试样的温度应至少在预期闪点以下 24℃。如果加入的试样过多,就用注射器移走或者用相同的容器倒出液体。盖上试验杯盖,组装好仪器。确保试验装置或测定装置均装好后,再插入温度计。

点燃试验火焰,将火焰直径调节为 3.2~4.8 mm,或者打开电子打火器,按仪器说明书的要求调节电子点火器的强度。将温度测定装置设置试样以(3.0±0.5)℃/min 的速率升温,将搅拌装置调到 90~120 r/min。试样的最初点火应在预期闪点 100℃ 时进行。

如果试样的温度在预期闪点 24℃ 以下,点火,试样每升高 2℃ 重复点火 1 次。中断搅拌,用试验杯盖上的滑板操作旋钮和点火装置点火,要求火焰在 0.5 s 内下降之试验杯的蒸气空间内,并停留 1 s,然后迅速升高回至原位置。

记录电子测定装置测试到点火引起试验杯内产生明显着火时的温度。

有试样火焰时,不要把试样火焰周围的蓝色光轮或扩大的火焰当作真实的闪点,这不是闪点,应忽略。

最初点火时测试到闪点,不要继续测试,将结果舍弃,用新的试样重复试验。用新的试样在最初测试到的预期闪点以下24℃开始点火。

如果所记录的观察闪点温度与最初的点火温度的差值<16℃或>30℃,就可认为此结果是个大约值。应再用新试样重复试验,调整最初的点火温度。用新试样的最初点火温度应为这个测定到的大约值,即预期闪点以下24℃。

当仪器冷却到安全温度,低于55℃后,移走试验杯盖和试验杯,并按厂家说明清洗仪器。

(四)计算

观察和记录试验时的室温和大气压。大气压不在101.3 kPa(760 mmHg),用下式修正闪点值:

$$修正后闪点 = C + 0.25(101.3 - K) \qquad (4-4)$$
$$修正后闪点 = F + 0.06(760 - P) \qquad (4-5)$$
$$修正后闪点 = C + 0.033(760 - P) \qquad (4-6)$$

式中:

C——观察到的闪点,℃;

F——观察到的闪点,℉;

P——室内大气压,mmHg;

K——室内大气压,kPa。

记录闪点并经大气压修正后,结果精确到0.5℃。

(五)结果小结

1.结果报告

按所使用的闭口闪点测试方法 A、B 或 C 来报告修正后的闪点。

2.精密度

(1)测试方法 A。

精密度:按下述规定判断试验结果的可靠性(95%置信水平)。

重复性:同一操作者,同一台仪器,在同样的操作条件下,对同一试样进行试验,所得到的两个试验结果之间的差值,在正常且正确操作下,从长期来说,20次中只有1次超过如下数值:

$$R = AX \qquad (4-7)$$

式中:

$A = 0.0029$;

$X =$ 方法测试的温度,℃;

$R =$ 重复性。

再现性:在不同实验室,由不同的操作者对相同的试样进行的两次独立的试验结果的差值,在正常且正确操作下,从长期来说,20 次中只有 1 次超过如下数值:

$$R = BX \tag{4-8}$$

式中:

B——0.071;

X——方法测试的温度,℃;

R——重复性。

(2)测试方法 B。

精密度:按下述规定判断试验结果的可靠性(95% 置信水平)。重复性:同一操作者,同一台仪器,在同样的操作条件下,对同一试样进行试验,所得到的两个试验结果之间的差值,在正常且正确操作下,从长期来说,20 次中只有 1 次超过如下数值:

残渣燃料油,2℃其他类型,5℃。

再现性:在不同实验室,由不同的操作者对相同的试样进行的两次独立的试验结果的差值,在正常且正确操作下,从长期来说,20 次中只有 1 次超过如下数值:残渣燃料油,6℃;其他类型,10℃。

3.测试方法 C

精密度:按下述规定判断试验结果的可靠性(95% 置信水平)。

重复性:同一操作者,同一台仪器,在同样的操作条件下,对同一试样进行试验,所得到的两个试验结果之间的差值,在正常且正确操作下,从长期来说,20 次中只有 1 次超过如下数值:8.4℃。

再现性:在不同实验室,由不同的操作者对相同的试样进行的两次独立的试验结果的差值,在正常且正确操作下,从长期来说,20 次中只有 1 次超过如下数值:14.7℃。

(六)讨论

试验用油杯或坩埚,以及闭口杯法测定用的油杯盖,必须清洗并干燥,除去前次试验留下的油迹和洗涤用的溶剂。

如果试样的含水量较大,必须脱水。因为试油在加热时,分散在油中的水会气化形成水蒸气,这样会稀释油蒸气,有时会形成气泡覆盖在液面上,影响试油的正常气化,推迟了闪点的时间,使测定结果偏高。水分较多的重油,在加热时,试油易溢出坩埚外,使试验无法进行。

应注意试样要按规定装到试验油杯或坩埚的刻线。试样量的多少与加热试样后产生的油蒸气的量直接有关,尤其在闭口闪点测定中,加入的试油量多,超过油杯的刻线,油杯内液面以上的空间容积变小,加热后使混合气的浓度容易达到爆炸下限,闪点就偏低;反之,闪点就偏高。

要准确控制加热速度,这是试验操作上的关键。加热速度过快时,在单位时间给予油品的热量多,蒸发出的油蒸气多,使油蒸气和空气的混合物提前达到爆炸上限,测得的闪点结果偏低;加热速度过慢时,测定时间长,点火次数多,损耗了部分油蒸气,推迟了使混合气达到闪火浓度的时间,使测定结果偏高。

点火器火焰的大小、测定闭口闪点时点火时间的长短、测定开口闪点时点火器火焰离试油液面的距离及火焰在液面上移动的速度,都对测定结果有影响。火焰较规定的大,火焰停留或移动的时间长,火焰离试油液面低,都会使结果偏低;反之,则会使结果偏高,因此必须注意。

试油和试验用油杯的温度,要注意按方法规定控制。测定闭口闪点低于50℃的试样,还必须注意空气浴需冷却至室温。

二、石油产品开口闪点的测定法(克利夫兰法)

(一)方法概要

在规定的条件下,将油品加热。随着油温的升高,油蒸气在空气中(液面上)的浓度也随之增加。当升到某一温度时,油蒸气和空气组成的混合物与火焰接触发出瞬间闪火,把产生这种现象的最低温度称为石油产品的闪点,以℃表示。在油蒸气和空气的混合物中,油蒸气的含量达到可燃浓度的一定范围,才能发生闪火,是微小的爆炸。闪点相当于加热油品使空气中油蒸气浓度达到爆炸下限时的温度。

本方法适用于用克利夫兰手工开口闪点仪或者自动开口闪点仪测定石油产品的闪点。测试原理是将大约 70 mL 试样装入试验杯至规定的刻度线,先迅速升高试样的温度,当接近闪点时再缓慢地以恒定的速率升温。在规定的时间间隔,用一个小的火焰扫过试验杯,使试验火焰引起试样液面上部蒸气闪火的最低温度,即为闪点。

本方法参考的标准有 ASTM D92、GB/T 267、GB/T 3536。

(二)设备及试剂

1.试剂

清洗溶剂:用合适的溶剂清洗试验杯和试验杯盖上的样品并干燥试验杯。常用的溶剂有甲苯和丙酮(甲苯、丙酮和许多溶剂都可燃,并对身体有害)。

2.仪器设备

克利夫兰开口杯实验仪(手动):仪器包括测试杯、杯盖、快门、搅拌装置、加热源、点燃装置、空气浴和顶板。

克利夫兰开口杯实验仪(自动):自动测量闪点的仪器。仪器的试验杯和试验火焰的大小要符合相关规定。

温度测量装置:满足规格 E1 或 IP 标准要求的温度计,或电子温度计量装置,如电阻温度计或热电偶。装置指示的温度应与水银温度计相同。

试验火焰:天然气火焰、瓶装液化气火焰和电子点火器(热电阻线)等可以接受作为试验火焰使用。

(三)测试步骤

1.手动仪器

把试验样品加入试验杯,至杯内的刻度线,试验杯和样品的温度至少低于预期闪点56℃。如果加入太多的样品,用注射器或类似的装置移走过量的样品。如果试样沾到仪器的外边,就应倒出试样,清洗后再重新装样。弄破或除去试样表面的气泡或样品泡沫,并确保试样液面处于正确位置。如果在试验最后阶段试样表面仍有泡沫存在,则此次结果作废。

固体样品不能直接倒入试验杯,固体或黏稠样品在注入杯之前先加热到可以流动,而加热温度不应超过预期闪点56℃。

点燃试验火焰,调整它的直径至 3.2~4.8 mm。如果仪器安装了金属比较小球,火焰应与金属比较小球直径相同。开始加热时,试样的升温速率为 5~17℃/min。当试样加热到预期闪点前约 56℃时减慢加热速度,使试样在达到闪点前的最后28℃时升温速率为5-6℃/min。

在低于预期闪点至少 28℃,开始使用试验火焰,温度计每隔2℃读数。试验火焰通过试验杯中心,并与通过温度计的直径成直角。试验火焰的中心必须在杯上边不高于2 mm 的水平面上移动,并且只通过一个方向。下次试验时通过相反的方向。每次试验火焰超过杯所需要的时间约为 1 s。在低于预期闪点最后28℃的升温过程中,如果试样表面仍有泡沫存在,就停止试验,此次结果作废。同时避免在试验杯附近随意走动,以防扰动试样蒸气。

如果未知试验样品的预期闪点,将待测试样注入试验杯,温度降至50℃。如果该试样黏度很大,要加热后才能转移至试验杯。加热试样,转移至试验杯,待温度降至50℃后,根据上述方法点火,温度至少高于起始温度5℃时开始点火。按照上升5~6℃/min的速率升温,每隔2℃点火直到发现闪点。

当在试样液面上出现闪火时,立即记录温度计的温度读数,作为观察闪点。但出现较大火焰并立即扩散至整个样品表面时,视为样品温度已过闪点。接近闪点时点火可能产生蓝色晕圈或扩大火焰,这不是实际闪点,应忽略。

第一次点火时测得闪点,应停止试验,放弃试验结果,更换新试样重新进行测定。测试完毕,仪器冷却至安全处理温度,低于60℃,移走试验杯,并清洗仪器。

2.自动仪器

自动仪器应先按照手动仪器所述试验步骤进行,包括控制加热速度、试验火焰的应用、闪点的检测以及闪点的记录等。把试验样品加入试验杯,至杯内的刻度线,试验杯和样品的温度至少低于预期闪点56℃。如果加入太多的样品,就用注射器或类似的装置移走过量的样品。如果试样沾到仪器的外边,则应倒出试样,清洗后再重新装样。弄破或除去试样表面的气泡或样品泡沫,并确保试样液面处于正确位置。如果在试验最后阶段试样表面仍有泡沫存在,则此次结果作废。

固体样品不能直接倒入试验杯,固体或黏稠样品在注入杯之前应先加热到可以流动,而加热温度不应超过预期闪点以下56℃。

点燃试验火焰,调整它的直径至3.2~4.8mm。如果仪器安装了金属比较小球,火焰应与金属比较小球直径相同。使用气体火焰时要小心。如果试验火焰熄灭,火焰将不再点燃测试杯内蒸气,试验火焰的气体可能进入杯内蒸气空间,将影响试验结果。首次使用试验火焰时,操作者须小心,做好合适的安全预防措施。因为含有低闪点物料的样品接触火焰时,可能产生强烈的火焰。

启动自动仪器,遵循手动仪器中的具体步骤继续检测。

(四)计算

(1)观察并记录试验时的大气压。当气压不是101.3 kPa(760 mmHg)时,按照公式校正闪点:

校正后闪点 $= C + 0.25(101.3 - K)$;

校正后闪点 $= F + 0.06(760 - P)$;

校正后闪点 $= C + 0.033(760 - P)$。

其中:C——观测闪点,℃;

        F——观测闪点,℉;

        P——大气压力,mmHg;

        K——大气压力,kPa。

注:用于计算的大气压是试验时实验室的大气压。

(2)根据大气压校正完闪点后,记录校正后的闪点,修正至1℃。

(五)结果小结

1.结果报告

将结果报告为克利夫兰开杯试验仪所测定的校正闪点。

2.精密度

按下述规定判断试验结果的可靠性(95%置信水平)。

重复性:同一操作者,同一台仪器,在同样的操作条件下,对同一试样进行试验,所得到的两个试验结果之间的差值,在正常且正确操作下,从长期来说,20次中只有1次超过如下数值:8℃。

再现性:在不同实验室,由不同的操作者对相同的试样进行的两次独立的试验结果的差值,在正常且正确操作下,从长期来说,20次中只有1次超过如下数值:18℃。

(六)讨论

闪点温度是一种在可控试验条件下,试验样品与空气形成可燃混合物趋势的量度标准。它是许多评定物料易燃危险性质之一。石油产品闪点的测定方法分为开口杯法和闭口杯法,选择开口杯法还是闭口杯法,主要取决于石油产品的性质和使用条件。通常蒸发性较大的轻质石油产品多用闭口杯法测定。对于多数润滑油和重质油,尤其是在非密闭的机械或温度不高的条件下使用的石油产品,即使有极少量的轻质馏分掺和其中,也会在使用过程中蒸发掉,不会构成着火或爆炸的危险,这类产品都采用开口杯法测定。

在测试过程,试验用油杯或坩埚,以及闭口杯法测定用的油杯盖,必须清洗并干燥,除去前次试验留下的油迹和洗漆用的溶剂。

如果试样的含水量较大,就必须脱水。因为试油在加热时,分散在油中的水会气化形成水蒸气,这样会稀释油蒸气,有时会形成气泡覆盖在液面上,影响试油的正常气化,推迟闪火的时间,使测定结果偏高。水分较多的重油,在加热时,试油易溢出坩埚外,使试验无法进行。

应注意试样要按规定装到试验油杯或坩埚的刻线。试样量的多少与加热试样后产生的油蒸气的量直接有关,加入的试油量多,超过油杯的刻线,油杯内液面以上的空间容积变小,加热后使混合气的浓度容易达到爆炸下限,闪点就偏低,反之,闪点就偏高。

要准确控制加热速度,这是试验操作上的关键。加热速度过快时,在单位时间给予油品的热量多,蒸发出的油蒸气多,使油蒸气和空气的混合物提前达到爆炸上限,测得的闪点结果偏低;加热速度过慢时,测定时间长,点火次数多,损耗了部分油蒸气,推迟了使混合气达到闪火浓度的时间,使测定结果偏高。

点火器火焰的大小、点火时间的长短、点火器火焰离试油液面的距离及火焰在液面上移动的速度,都对测定结果有影响。火焰较规定的大,火焰停留或移动的时间长,火焰离试油液面低,都会使结果偏低,反之,则会使结果偏高,因此必须注意。

第五章　蒸发性能的检测

第一节　石油产品蒸气压的测定方法

一、方法概要

蒸气压对于车用和航空汽油都很重要,在温度或海拔较高的情况下使用,影响发动机的启动、发热和驱动,一些地方的法律以汽油的最大蒸气压作为空气污染的一个控制标准。它对于石油的粗加工和初提炼是非常重要的,同时也是易挥发石油溶剂的蒸发率的一项间接指标。

本方法适用于测定在 37.8℃时初馏点大于 0℃的石油及其产品的蒸气压。具体有以下 4 种方法:

(1)方法 A,适用于雷德蒸气压小于 180 kPa 的汽油和其他石油产品。

(2)方法 B,仅利用汽油的实验室间测试程序来确定本方法的精密度。

(3)方法 C,适用于雷德蒸气压大于 180 kPa 的产品。

(4)方法 D 雷德蒸气压约为 50 kPa 的航空汽油。

蒸气压测定仪的汽油室用冷冻的试样充满并且在 37.8℃与空气室相连接。把测定仪浸在 37.8℃的水浴中直至安装在测定仪上的压力表的压力恒定。校正后的压力表读数作为雷德蒸气压报告。

上述四种方法所用的汽油室和空气室的内部体积是对应相同的。方法 B 采用半自动测定仪浸入水平浴中并在平衡时转动,此方法可能用到波登弹簧表和压力传感器。方法 C 采用带有两个开口的汽油室。

上述实验方法不适用于液化石油气,也不适用于除含甲基叔丁基醚(MTBE)以外的含氧化合物燃料。液化石油气蒸气压的测定,参照方法 ASTM D1267 或 ASTM D6897。含氧化物的汽油蒸气压的测定,参照方法 ASTM D4953。测试石油蒸气压的方法参照 ASTM D6377。石油空气饱和蒸气压的测定方法参照 IP481。

本测试方法的参考标准有 ASTM D323、GB/T 8017。

二、术语

(一)定义

波登弹簧压力表:通过波登管连接压力表来测试压力的装置。

波登管:扁平形的金属管弯成一定曲形,在内部压力作用下会伸直。

含氧化物汽油:以汽油为主要成分,与一种或多种含氧化合物组成的火花引燃式发动机燃料。

含氧化合物:含氧的、无灰分的有机化合物,例如能作为燃料或助燃物的酒精或乙醚。

雷德蒸气压:是经校正测量误差后,最终的总压力读数,用来测定汽油和其他挥发产品的一种经验测试方法(ASTM D323、GB/T 8017)。

蒸气压:当液体的蒸气与液体平衡时,液体蒸气产生的压力。

(二)缩写词

ASVP:空气饱和蒸气压。

LPG:液化石油气。

MTBE:甲基叔丁基醚。

RVP:雷德蒸气压。

三、取样

取样按照 ASTM D4057、GB/T 4756 等方法进行。蒸气压测定对蒸发损失及组成的变化是极端灵敏的,因此在转移试样时就需要极其小心和谨慎。这一准备工作将适用于所有的蒸气压测定的样品,但是对雷德蒸气压高于 180 kPa(26 psi)的样品除外。

测定蒸气压的试样容器的容量应为 1 L,要求试样装至该容器 70%~80% 的容积。本方法提出的精密度是对在 1 L 的容器中所装的试样而言。但是,如果认为精密度可以改变,也可使用像在 ASTM D4057 中所规定的容器。在仲裁试验的情况下,必须使用 1 L 的试样容器。

雷德蒸气压的测定应是试样的第一个实验。容器中的验样余品不能用作二次蒸气压测定。如果必须测定,就应重新取样。在漏气的瓶中所装的试样不能进行试验,应该抛弃此样。

试样转移时,试样瓶在打开之前应该冷却到 0~1℃。足够的冷却时间可以使油样达到这一温度,这可以用直接测量放在同一冷却浴中另一个相同容器内相似液体的温度,该容器冷却的时间应与试样的冷却时间相同。

四、仪器设备

(一)方法 A 测定雷德蒸气压的仪器

雷德蒸气压测定弹由两个室组成,一个蒸气室(上段)和一个汽油室(下段)并符合下列要求。

蒸气室:上段或蒸气室为一直径(51 ± 3) mm,高位(254 ± 3) mm 的圆筒状容器,其两端内表面稍微倾斜,以便处于垂直位置时从任一端都能完全排空液体。在蒸气室的另一端装有最小内径为 4.7 mm 合适压力表接口以便连接一个 4.7 mm 的压力连接器。在蒸气室的另一端备有一个直径约为 12.7 mm 的开口,以便连接蒸气室。应注意开口端的接头不妨碍液体从室内全部排空。

汽油室(一个开口):下段或汽油室为一圆桶状容器,内径与蒸气室相同,其体积应满足蒸气室与汽油室体积比在 1:($3.8\sim4.2$) 的要求。在汽油室的一段备有一个直径约为 12.7 mm 的开口,以便与蒸气室连接。带有接头端的内表面应倾斜,以便倒置是能完全排空液体。在汽油室的另一端应是完全封闭的(为了获取正确的汽油室和蒸气室的体积比,两个室不能没校正而随便交换,以确保体积比在要求的限量内)。

航空汽油试验用的蒸气室和汽油室的体积比应为 1:($3.95\sim4.5$)。

汽油室(两个开口):用于从密封的容器中取样的仪器,下段或汽油室。除在靠近汽油室的底部和有 6.35 mm 的阀以及在两室之间的接头处有 12.7 mm 直通全开阀外,基本上与一个口的汽油室相同。汽油室的体积(只包括阀所封闭的容积)应达到相应规定的体积比要求。

在测定两个开口汽油室容积时,汽油室的容积被认为是 12.7 mm 阀以下所封闭的体积。12.7 mm 阀以上所封闭的体积,包括连接到汽油室的接头部分,应认为是蒸气室容积的一部分。

只要能满足以下要求,可以采用任何连接蒸气室和汽油室的方法,即在连接时不损失汽油;没有因连接作用而产生压缩效应,以及在试验条件下组合件不漏油。为了避免组装时汽油排出,接头的公螺纹应装在汽油室上。为了避免螺旋配件组装时空气压缩,可采用排气孔以保证在封闭时蒸气室内为大气压力(一些工业上的设备不能作为消除空气压缩效应的设备。在使用任何仪器前,应确定连接作用不会压缩蒸气室内的空气,这可用紧紧塞住汽油室开口和用一般的方法把 $0\sim35$ kPa 的压力表安装在仪器上来实现。在压力表上观察的任何压力升高,即表示该仪器不符合方法的要求。遇到这个问题则仪器厂家应考虑对仪器进行维修)。

　　为了确定蒸气室和汽油室的体积比是否在规定 1 ∶(3.8~4.2)的范围内,可量取比装满汽油室和蒸气室所需量还多的一定量的水(实验中必须用合适的容器),用水装满汽油室避免溢出,则水的最初体积与剩下体积之差即为汽油室的体积。然后把汽油室和蒸气室连接上后,用更多的水将空气室装满至压力表连接处的底座,水的体积差即为蒸气室的体积。

　　压力表:应为直径 100~150 mm 试验用的波登弹簧压力表,它备用一个标尺 6.35 mm 的公螺纹接头及一个直径不小于 4.7 mm 的波登管,与大气连通管相连接。所用压力表的量程和刻度应由试验样品的蒸气压决定,如表 5-1 所规定的。只有准确的压力表才能连续使用,当压力表的读数与压差计或测定蒸气压大于 180 kPa 所用的净重测试器读数之差超过压力表刻度范围的 1% 时,则认为此压力表是不准确的。例如,对于 0~30 kPa 的压力表,其校正的修正值不应大于 0.3 kPa;对于 0~90 kPa 的压力表,其校正的修正值不应大于 0.9 kPa。

　　冷却浴:冷却浴的尺寸应能使样品容器和汽油室完全浸入,还应装有维持水浴温度在 0~4.5℃ 的设施。在样品储存或在空气饱和阶段,不能使用固体二氧化碳冷却样品,二氧化碳能大量地溶解于汽油中,已发现用它作为冷却介质时,会得出错误的蒸气压数据。

表 5-1　压力表量程及刻度

雷德蒸气压/kPa	使用的压力表/kPa		
	量程	最大数字刻度	最大细刻度
≤27.5	0~35	5.0	0.5
20.0~75.0	0~100	15.0	0.5
70.0~180.0	0~200	25.0	1.0
70.0~250.0	0~300	25.0	1.0
200.0~375.0	0~400	50.0	1.5
≥350.0	0~700	50.0	2.5

　　注:直径为 90 mm 的压力表可用在 0~35 kPa 的压力范围内。

　　水浴:蒸气压水浴的尺寸应使蒸气压测定器浸没到蒸气室顶部以上至少 25.4 mm 处。并有一个维持水浴温度在 (37.8±0.1)℃ 的设施。为了检查这一温度,水浴的温度计在整个蒸气压测定过程中应浸没到 37℃ 刻度处。

　　温度计:用 ASTM 雷德蒸气压温度计 18C(18F),刻度范围为 34~42℃,该温度计符合规格 E1 的要求。

　　压差计:应使用量程与所校验的压力表量程相适应的压差计。压差计应有 0.5 kPa 最小的精确度并不能大于 0.5 kPa。

当不用水银计做压差计时,压差计的校正值必须定期检查(可以溯源到国际认证标准),以确保能达到本方法所用压力计的要求。

净重测试器:净重测试器可以用作压差计,以校正大于 180 kPa 的压力表读数。

样品转移连接器:这是一个不干扰空气室从样品容器取出液体的装置,该装置包括两支管,它们插在一个带有两个孔的塞子,塞子的大小适合样品容器的开口。其中一支较短的管是用来传送样品,另一支管足够长到接触样品容器的底部角落。

(二)方法 B 测定雷德蒸气压的仪器

方法 B 涉及的仪器设备如下:

蒸气压测定弹:参照方法 A。

压力表:压力装置系统是方法 A 中描述的波登弹簧压力表或一个合适的压力转移器和数字读出器。压力测量系统由蒸气压力装置与到快速连接管终端间接安装而成。

冷却浴:为了获取正确的汽油室和蒸气室的体积比,两个室不能没校正而随便交换,以确保体积比在要求的限量内。

水浴:水浴的尺寸应使蒸气压测定器浸没到水平位置。样品需在它轴的方向进行旋转,然后往相反方向重复操作。并有一个维持水浴温度在(37.8 ± 0.1)℃的设施。为了检查这一温度,水浴的温度计在整个蒸气压测定过程中应浸没到37℃刻度处。合适的和有效利用的水浴装置,并且可以方便购置。

温度计:参照方法 A。

压差计:参照方法 A。

柔韧耦合器:必须提供一个合适的柔韧耦合器来连接不断提高的蒸气压装置和压差计。

蒸气室管:内径为 3 mm,长度为 114 mm 的蒸气室管应该插到蒸气室压力测量装置的底部,从而避免液体进入蒸气压力测量装置的连接处。

样品转移连接器:参照方法 A。

五、测试步骤

按照样品的特性,可以选择以下方法 A、方法 B、方法 C、方法 D 进行测试。

(一)方法 A 雷德蒸气压低于 180 kPa 的石油产品

1.测试准备
(1)容器中试样装入量的检查。从冷水浴中或冰箱中取出温度为 0~1℃的试样与容器,用吸收性材料将其擦干。如果容器不够透明,打开它并用一个合适的标尺测量,确认试样的容量等于容器容积的 70%～80%。当试样装在一个透明的玻璃容器中时,用适当的方法确认容器充满 70%～80%。

对于不透明容器,确保试样的容量能等于容器体积的 70%～80%的一个方法是,用已经做了标记的量油尺来指示容器容量的 70%～80%。量油尺应该要用浸入和抽出样品后能潮湿的材料来制作。为了确认试样的体积,在移开量油尺之前,把量油尺插入样品容器,量油尺必须垂直接触容器的底部。对于透明容器,可以用一把标记的尺子或与一个相同的已经清楚标记到 70%～80%水平的试样容器来比较标记容量。

如果试样的容量少于容器容积的 70%,则试样作废。试样多于 80%,则倒出足够的试样,以使试样的容量在容器容积的 70%～80%范围内。在任何情况下都不应将倒出的试样再倒回容器内。需要的话,将容器重新密封并放回到冷水浴中。

(2)容器中试样的空气饱和。

①不透明容器。在试样温度再次到达 0～1℃时,从冷水浴中取出样品容器,用吸水材料擦干,立刻移开瓶盖并注意预防水进去,重新将其封闭并剧烈摇动。放回冷水浴中并保持不少于 2 min。

②透明容器。由于测试前不需要打开样品容器来确认试样容量,为了使透明容器样品和不透明容器样品同样条件操作,在重新密封容器之前必须立刻打开容器的盖子。完成这一步后,继续操作。

③重复操作两次上述步骤,然后再将样品放回冷水浴中直到试验开始。

(3)汽油室的准备。将开口的汽油室以垂直位置和试样转移器完全浸没在 0～1℃的水浴中至少 10 min。

(4)蒸气室的准备。清洗蒸气室和压力表并将压力表连接到蒸气室上,将蒸气室浸没在温度为(37.8±0.1)℃的水浴中,使水浴的液面高出蒸气室顶部至少 25.4 mm,并保持不少于 10 min,然后与汽油室相连接。汽油室未按以下试验步骤充满试样前,不要把蒸气室从水浴中取出。

2.试验步骤

(1)试样的转移。从浴中取出冷却好的试样容器,打开容器盖并且插入经冷却好的试样转移器。将冷却好的汽油室的水尽快排空,将其倒置垂直放置在转移器倒出管的上方。迅速将整个系统倒置,将汽油室直立,使导管末端与汽油室底部距离大约为 6 mm。将试样充满汽油室直至溢出(另外,注意应适当地控制和处理溢流的汽油以避免着火的危险)。从汽油室抽出导管,同时使试样继续流出,直至导管完全取出为止。

(2)仪器的组装。

立刻将蒸气室从水浴中取出,并尽可能快地连接蒸气室和汽油室。当蒸气室从水浴中取出时,不要摇动,将蒸气室连接到汽油室上,不要通过空气过度移动,以防止加速室温空气与蒸气室内 37.8℃空气的对流。两室连接时所用的时间应不能多于 10 s。

(3)测定器放入水浴。把组装好的蒸气压测定器倒置,使全部试样由汽油室进入空气室。沿着平行于测定器的长轴方向激烈摇动 8 次,然后将压力表朝上,把组装好的仪器浸入温度保持在(37.8±0.1)℃的水浴中,仪器应处于一个倾斜的位置以使汽油室和空气室的连接点位于水液面下,并仔细检查连接点是否漏气。如果不漏气,就将仪器更进一步浸入浴中,使水浴的液面高出空气室顶部至少 25 mm。在整个试验过程中,要观察仪器是否漏气。如果任何时候发现漏气,则此次试验作废。

漏油比漏气更难发现,因为两室之间的连接点一般是在仪器的液体部位,所以要特别注意。

(4)蒸气压的测量。在蒸气压测定器浸入水浴中至少 5 min 后,轻轻敲击压力表并观察读数。然后将测定器从水浴中取出,并重复上述第 3 点的操作。摇动应不少于 5 次,每次间隔不少于 2 min,直至压力表最后两个连续读数恒定,表明已经达到平衡。读取最后压力表读数准至 0.25 kPa,记录这一读数为"未校正的蒸气压"。立刻卸下压力表,此时不要刻意地除去压力表内的液体。与压差计对照校正这一读数,两压力计的平衡压力与记录的"未校正蒸气压"之差不应超过 1.0 kPa。如果压力表和压差计之间有一个差数,那么这个差数应加到"未校正蒸气压"或从"未校正蒸气压"值中减去此数,这个值为试样的雷德蒸气压。

在拆卸压力表之前应将蒸气压测定器进行冷却,这有助于拆卸及减少油气排入室内。

(5)下次试验仪器的准备。

①用高于 32℃的温水彻底清洗有残留试样的蒸气室,然后排水。重复这一操作至少 5 次。用同样方法清洗汽油室。用石脑油清洗蒸气室和导管几次,然后用丙酮清洗几次,最后用干空气吹干。将汽油室放置在冷水浴中或冰箱中以备下次使用。

②如蒸气室的清洗是在浴中进行,必须使空气室底部和顶部的开口保持密封,以免细小和不引人注意的试样浮滴通过水面而进入。

③压力表的准备是从带有压差计的支管连接处拆下压力表,用反复离心推力的办法除去残留在压力表波顿管中的液体。这可以用下述的方法来完成:把表握在两手掌中,右手在表的正面并使表的螺纹接头向前,在其上方 45°角伸开

手臂,并使表的接头指向同一方向。向下摆动手臂约成 135°的弧形,这样使离心力协助重力以除去液体。重复这一操作至少 3 次以排除全部液体。关闭汽油室,将压力表连接在空气室,并将其放置在 37.8℃水浴中以为下次试验做准备(在下次试验之前,不要把连接压力表的空气室长时间离开水浴,也不要把连接压力表的空气室留在水浴中的时间过长,要满足下次试验状态所必须放置的时间。同时水蒸气凝结在波登管上,会造成结果不准确)。

(二)方法 B 雷德蒸气压低于 180 kPa 的石油产品(水平浴)

1.取样及试验准备

参考方法 A。

2.测试步骤

(1)试样的转移。从冷浴中取出试样,打开盖子,插入冷却的试样转移器。把冷却好的汽油室的水尽快排空,将其倒置垂直放置在转移器倒出管的上方。迅速将整个系统倒置,使汽油室直立,导管末端与汽油室底部距离大约为 6 mm。将试样充满汽油室直至溢出(注意应适当地控制和处理溢流的汽油以避免着火的危险)。从汽油室抽出导管同时使试样继续流出,直至导管完全取出为止。

从水浴中取出蒸气室,在拆卸时要迅速拆卸螺旋管。当蒸气室从浴中取出时,不要摇动,将蒸气室连接到汽油室上,不要溅出或通过空气过度移动,以防止加速室温空气与蒸气室内 37.8℃空气的对流。两室连接时所用的时间应不能多于 10 s。

测定器放入水浴时,保持仪器垂直,迅速重新连接螺旋管。将仪器在水中倾斜,从 20°~30°持续 4~5 s,这样不需要压力或压力传感器将管放进蒸气室就可以直接使试样流进蒸气室。汽油室的底部保证连接器与仪器装置的另外一头在接口上,然后把组装好的仪器浸入温度保持在(37.8±0.1)℃的水浴中。打开开关,使组装好的汽油-蒸气室开始循环。在整个试验过程中,要观察仪器是否漏气。如果任何时候发现漏气,则此次试验作废。

(2)蒸气压的测量。在蒸气压测定器浸入水浴中至少 5 min 后,轻轻敲击压力表并观察读数。间隔不少于 2 min 重复敲击并读数,读数直至连续读数相同(不同传感器类型不一定要敲击,但读数间隔一定要相同)。读取最后压力表或传感器压力,读数准至 0.25 kPa,记录这一读数为"未校正的蒸气压"。从仪器上立刻卸下压力表,连接压力表或压力传感器到压差计。与压差计对照校正这一读数,两压力计的平衡压力与记录的"未校正蒸气压"之差不应超过 1.0 kPa。如果压力表和压差计之间有一个差数,当压差计读数较高时,那么这个差数应加到"未校正蒸气压",或当压差计读数较低时从"未校正蒸气压"值中减去此数,这个值为试样的雷德蒸气压。

（3）下次试验仪器的准备。

①用大于 32℃ 的温水彻底清洗有残留试样的空气室，然后排水。重复这一操作至少 5 次。以同样方法清洗汽油室，先用石脑油清洗空气室和导管几次，再用丙酮清洗几次，最后用干空气吹干。将汽油室放置在冷水浴中或冰箱中以备下次使用。

②如空气室的清洗在浴中进行，必须使空气室底部和顶部的开口保持密封，以免细小和不引人注意的试样浮滴通过水面而进入。

③正确准备压力表或传感器，汽油不应该流到压力表或传感器。如果发现或怀疑汽油到达压力表或传感器时，清洗压力表。传感器没有凹处容纳汽油，吹干燥空气流通过管道确保 T 手动装置或螺旋管直至没有液体存在。关闭液体连接部分，将压力表连接在空气室，并将其放置在 37.8℃ 水浴中，为下次试验做准备。

(三) 方法 C 雷德蒸气压高于 180 kPa 的石油产品

1.概述

对蒸气压超过 180 kPa 的油品，按方法 A 规定的操作是危险的而且也是不正确的。因此，下述对雷德蒸气压大于 180 kPa 的测定仪器和操作步骤作了变更。本方法蒸气压试样容器的容积不应小于 0.5 L，除特殊规定外，方法 A 的要求都需要执行。

如果需要，方法 A 和方法 B 都可以测定蒸气压高于 180 kPa 的产品。

2.仪器

如方法 A 仪器所示，采用两个开口的汽油室。

压力表校正：可使用一个静重测试器作压差计来校正高于 180 kPa 压力表读数。凡有"压差计"和"压差计读数"字样，均分别为"静重测试器"和"校正过的压力表读数"。

3.试验准备

不能按方法 A 进行样品准备。可以采用任何能使试验样品在容器中排出的安全方法，以保证汽油室中装满冷却过的未经风化的样品。以下叙述了借助自身产生的压力排出样品的步骤。

使样品容器保持足够高的温度，以维持超大气压力，但基本上不得超过 37.8℃。将带有两个开口阀的汽油室完全浸入冷却浴中，并保持足够的时间，使试样达到浴温 0~4.5℃，将一个合适的经冰冷却的盘管连接在试样容器的出口阀上。

将一长大约为 8 m、直径为 6.35 mm 的铜盘管浸入一桶冰水中,即可制备合适的冷却盘管。

4.试验步骤

将经冷却的汽油室中 6.35 mm 阀连接到经冰冷却的盘管上。关闭汽油室 12.7 mm 的阀,打开样品容器外面的阀及汽油室 6.35 mm 的阀。然后稍稍打开汽油室 12.7 mm 的阀,使汽油室慢慢充满试样。此时试样会溢出,直至溢出体积达到 200 mL 或更多一些为止。控制此操作以使汽油室的 6.35 mm 的阀不产生明显的压力降。然后依次关闭汽油室的 12.75 mm 和 6.35 mm 的阀,再关闭样品系统中其他所有的阀。拆开汽油室和冷却盘管的连接装置。

在试验过程中应注意远离热源、火花和明火。保持容器关闭。在充足的空气流通处使用。避免长时间吸入蒸气或喷雾,避免长时间反复接触皮肤。在整个试验过程中必须提供安全措施来排出逸出的液体和蒸气。

为了避免汽油室因充满液体而破裂,必须迅速将汽油室连接到蒸气室,并打开 12.7 mm 的阀门。按下述次序在装满汽油室后,25 s 内完成仪器的组装。从水浴中取出蒸气室,将蒸气室连接到汽油室,打开汽油室 12.7 mm 的阀门。

如果用一个静重测试器代替压差计,"未校正蒸气压"要使用一个处在或接近于"未校正蒸气压"的压力表校正数,记录此值作为"校正的压力表读数"以代替"压差计读数",用于方法 A 或方法 B 的计算。

(四)方法 D 雷德蒸气压约为 50 kPa 的航空汽油

1.概述

本方法对测定航空汽油蒸气压的仪器和操作步骤作了变更,除这里特殊规定外,方法 A 的要求都可采用。

2.仪器

蒸气室与汽油室的体积比:蒸气室体积与汽油室体积的比例应为 3.95～4.05。对于压力表或压力传感器的校正,在每次测量之前压力表在 50 kPa 处应用一个校准的压差计进行校正,以保证它能符合相关要求。除了按方法 A 或方法 B 的规定对压力表做最后校正外,还应进行着一项校正。

3.试验步骤

按方法 A 进行操作。

六、报告

按方法 A 或方法 B 观察的压力表结果,在对压力表和压差计之间的差值校正之后,作为"雷德蒸气压",报告准确至 0.25 kPa。

七、精密度

用以下标准判断结果的可靠性(95%的置信率)。

重复性:同一操作者,同一台仪器,在同样的操作条件下,对同一试样进行试验,所得到的两个试验结果之间的差值,在正常且正确操作下,从长期来说,20次中只有1次超过下述数值(表5-2)。

表5-2　石油产品蒸气压测定的重复性

方法	范围/kPa	重复性
A 汽油	35~100	3.2
B 汽油	35~100	1.2
A	0~35	0.7
A	110~180	2.1
C	>180	2.8
D 航空汽油	50	0.7

再现性:在不同实验室,由不同的操作者对相同的试样进行的两次独立的试验结果的差值,在正常且正确操作下,从长期来说,20次中只有1次超过下述数值(表5-3)。

表5-3　石油产品蒸气压测定的再现性

方法	范围/ kPa	再现性
A 汽油	35~100	5.2
B 汽油	35~100	4.5
A	0~35	2.4
A	110~180	2.8
C	>180	4.9
D 航空汽油	50	1.0

八、讨论

在蒸气压测定中,如果没有认真执行规定的操作程序,将会导致严重错误。下面针对试验过程出现的问题进行讨论:

(1)为了保证测定结果的高精密度,每次试验后,必须用压差计校验所有的压力表。压力表读数时应处于垂直位置,并用手轻轻地敲击后再读数。

(2)在每次试验前和试验中,检查所有的设备是否漏液体和漏气。

(3)按方法规定剧烈摇荡容器,使试样与容器内的空气达到平衡。

(4)因为最初取样和样品的处理对最后的结果影响很大,所以操作应极其小心,以防止试样的蒸发损失及组成的轻微变化。决不能把雷德蒸气压测定器的任何部件当作在实际试验前的试验容器使用。

(5)彻底清洗压力表,汽油室和空气室以保证不含残余的试样。这一操作在每次试验结束后进行最为适宜,为下次试验作准备。

(6)小心控制试样空气饱和时的温度以及测定浴的温度。

第二节　石油产品饱和蒸气压测定方法

一、方法概要

石油产品的饱和蒸气压,是指在规定的条件下,石油产品在适当的仪器中气液两相达到平衡时,液面蒸气所显示的最大压力,单位以 kPa 表示。饱和蒸气压是石油产品的蒸发性能之一,它对于油品的储存、输送和使用均有重要影响。同时也是生产、科研和设计中常用的主要物性参数。同一物质在不同温度下有不同的蒸气压,并随着温度的升高而增大。

本方法适合于测试沸点高于0℃,蒸气压力为 7~150 kPa,温度为 37.8℃,气液比为 4∶1 的挥发性、液体石油产品、烃类及烃类–含氧化合物混合物的蒸气压和沸点高于0℃,蒸气压力为 0~110 kPa,温度范围为 25~100℃,气液比为 4∶1 的航空煤油的蒸气压。

它的测试原理是在不低于20℃的温度下,将已知体积的样品注入一内有活塞并可进行温控的测试筒中,密封测试筒后,分三步将样品体积膨胀至原来的 $(X+1)$ 倍,测定每一级膨胀后的总压值,由三步的总压值 TP_x 计算溶解空气分压 PPA 和空气在样品中的溶解压力。再将温度升至一定值并测总压值,最后利用公式 $VP_x=TP_x-PPA$ 计算蒸气压 VP_x。

二、设备及材料

(一)试剂

2,2-二甲基丁烷(易燃且对人体有害);

2,3-二甲基丁烷(易燃且对人体有害);

甲醇(易燃且对人体有害);

2-戊烷(易燃且对人体有害);

正戊烷(易燃且对人体有害);

甲苯(易燃且对人体有害)。

(二)仪器设备

本方法采用一个小体积的圆柱形筒,带有可控制温度在 0~100℃ 的温控装置。测试筒内装有一活塞,体积小于总体积的 1%。这样是为了将样品引入并保证样品膨胀至所需的气-液比。活塞上装有一固定的压力传感器,筒中装有进出样阀。活塞、阀、测筒应保持温度相同,以避免样品局部过冷或过热。

测试筒容积应为 5~15 mL,并可保持样品气液比在(4∶1)~(1∶1),调整气-液比的精度在 0.05 之内。

压力传感器:量程至少为 0~200 kPa,最小刻度 0.1 kPa,可准确至±0.2 kPa,带有可直接读数的电子表头。

电子温度控制器:将测试筒温度控制在±0.1℃ 范围内。

铂电阻温度计:测量测试筒温度,量程至少为 20~100℃,最小刻度 0.1℃,可准确至±0.1℃。

校准用真空泵:可将测试筒内压力降至 0.01 kPa 之下。

麦克劳德(Mcleod)压力计或校准用电子真空仪:量程 0.01-0.67 kPa。

校准用压力测定仪:可准确测量当地压力值,精度为 0.1 kPa。

三、测试步骤

将测试筒的温度调至 20.0~37.8℃,设定气-液比为 4∶1。

将装有试样的注射器、耐受容器或浸入试样的导管连接到仪器进样口,要防止高挥发性物质的损失。试样总量要大于 3 次洗涤加上测试所需量之和。立即进行 3 次洗涤。利用活塞将试样吸入测试筒,试样体积正好使膨胀后达到规定的气-液比。关闭进样阀,拉动活塞完成一级膨胀。在规定温度下,允许测试筒温度变化在 0.1℃ 之内。在至少 1 min 内,每秒测定一次 TP_x 值,20 s 内读数相差小于 0.3 kPa,则记读数为 $TP_{x,1}$。进行二级膨胀,至少 1 min 内,每秒测定 1 次 TP_x 值,20 s 内读数相差小于 0.3 kPa,则记读数为 $TP_{x,2}$。

重复操作,进行三级膨胀,测得 $TP_{x,3}$。

试样分离检验:将试样注入仪器进行测定后,观察剩余的样品是否分层。

四、结果小结

(一)报告结果

准确到 0.1 kPa,注明样品容器尺寸(汽油及汽油-含氧化合物混合物为 250 mL或 1 L;航空煤油为 100 mL),并注明测试温度和气液比。

若试样呈混浊状,应在报告中给予注明。具体如下:"×××.H"或"样品混浊——是"。

(二)精密度

精密度:按下述规定判断试验结果的可靠性(95%置信水平)。

重复性:同一操作者,同一台仪器,在同样的操作条件下,对同一试样进行试验,所得到的两个试验结果之间的差值,在正常且正确操作下,从长期来说,20次中只有1次超过表5-4和表5-5所列数值。

表5-4 重复性(汽油及汽油-含氧化物混合物)

容器尺寸/mL	重复性
250	1.10 kPa
1000	$0.015(X+B)$
其中:$X=VP_4(37.8℃)kPa$ $B=9\ kPa$	

表5-5 重复性(航空煤油)

温度/℃	重复性/kPa	有效范围/kPa
25	0.6	0.1~11.0
37.8	$0.06(\gamma+4)$	0.3~17.0
50	$0.035(\gamma+15)$	0.5~26.0
100	1.70	5.4~107.5

再现性:在不同实验室,由不同的操作者对相同的试样进行的两次独立的试验结果的差值,在正常且正确操作下,从长期来说,20次中只有1次超过表5-6和表5-7所列数值。

表5-6 再现性(汽油及汽油-含氧化合物混合物)

容器尺寸/mL	重复性
250	1.89 kPa(0.27psi)
1000	$0.0273(X+B)$
其中:$X=VP_4(37.8℃)kPa$ $B=9\ kPa$	

表5-7 再现性(航空煤油)

温度/℃	重复性/kPa	有效范围/kPa
25	1.0	0.1~11.0
37.8	$0.11(\gamma+4)$	0.3~17.0
50	$0.065(\gamma+15)$	0.5~26.0
100	2.2	5.4~107.5

五、讨论(与传统方法 ASTM D323 雷德蒸气压法的比较)

ASTM D323(雷德蒸气压法)方法要求:将冷却的试样充入蒸气压测定器的汽油室,并将汽油室与空气室连接。将该测定器接入恒温浴中(37.8℃),并定期振荡,直至安装在测定器中的压力表的压力恒定,压力表读数经修正后即为雷德蒸气压。此方法是一个大量的人工操作的测定方法,人为的测定影响因素较多,样品在 0~1℃ 条件下放置 100 min 以上,然后在 37.8℃ 的水浴中至少恒温 15 min,测试一个样品要 20~30 min,其方法本身的重复性要求 3.2 kPa,再现性要求 5.2 kPa。而本方法测定的蒸气压精密度高,重复性 0.5 kPa,再现性 1.63 kPa。

同时,雷德蒸气压法的主要缺点之一就是不适用于不断增长的一些含有氧化成分(尤其是乙醇)的汽车汽油的全范围。因为雷德蒸气压法属于一种"湿"法,它在准备测试过程中必须用高于 32℃ 的热水冲洗样品室和空气室,在试验期间有一种危险,即当汽油与水接触时,即使是少量的接触,都会发生相分离,一相主要是碳氢化合物,另一相是水和乙醇组分。像汽车汽油成分那样的相分离会导致比料想的蒸气压读数值还低。

本方法测定范围广泛,可以测定石油产品、烃类、烃类–含氧化合物混合物、航空煤油等不同类型的试样的蒸气压。同时不需要烦琐的样品冷却和空气饱和处理,大大节约操作时间,样品量少,自动化程度高,操作简便,满足了现代化检测快速、准确的需求。

第三节　石油产品常压蒸馏测定法

一、方法概要

常压馏程是通过简单间歇蒸馏确定石油产品沸点范围的基本方法,是最古老的蒸馏方法,自从石油工业存在以来就长期使用。由于本方法应用时间长,许多研究部门积累了大量的数据,这些数据在设计蒸馏装置中能方便地应用。另外,在石油产品炼制过程中,定时做馏程分析,及时提供准确的馏程数据,对提高产品的质量及产量有重要作用。

本方法适用于大气压下在实验室中使用蒸馏装置定量确定石油产品的沸点范围。适用的石油产品包括轻质和中间馏分、车用汽油、航空汽油、喷气燃料、柴油、生物柴油含量不超过20%的混合柴油、船用燃料、石油溶剂油、石脑油、溶剂油、煤油等。它是根据试样的组成、蒸气压、预期初馏点或预期终馏点等性质,将试样分为 4 个组别。将 100 mL 试样在相应组别规定的条件下,在大气压下用间歇蒸馏仪器进行蒸馏。根据试验结果的要求,系统地观测并记录温度读数和冷凝物体积、蒸馏残留物和损失体积。结果通常以蒸发百分数或回收百分数所对应的温度表示。

馏程主要用在判定石油产品轻、重馏分组成的比率。其对烃类混合物,特别是燃料和溶剂的安全和性能有直接影响。车用汽油和航空汽油的馏程极为重要,在使用过程中,馏程影响它们的点火,升温以及高温或高海拔时的气阻。车用汽油、航空汽油或其他燃料中,高沸点组分能显著地增加燃烧后的固体残留量。由于馏程与蒸发速度有关,也是许多溶剂(尤其是涂料)一个重要的指标。燃料的沸点范围和它们的组分、性质以及存储和使用过程的表现相关。

本方法的参考标准有 ASTM D86、GB/T 6536。

二、仪器设备

蒸馏仪器的基本元件是蒸馏烧瓶、冷凝器和冷凝浴、用于蒸馏烧瓶的金属防护罩或围屏、加热器、蒸馏烧瓶支架和支板、温度测量装置和接收量筒。

自动蒸馏仪器除基本元件外,还装备有一个测量并自动记录温度及接受量筒中相应回收体积的系统。

蒸馏烧瓶:用耐热玻璃制成,分为 100 mL 和 125 mL 两种规格,颈口可以是直孔的也可以是磨口的,相同颈口的颈部直径一样。

冷凝器和冷凝浴:冷凝器由无缝防腐的金属管制成,长(560±5)mm,外径14 mm,壁厚 0.8~0.9 mm。冷凝器应置于能使冷凝管有(393±3)mm 的长度部分与冷却介质相接触的位置。冷凝管露在冷凝浴外的部分,上端长为(50±3)mm,下端长为(114±3)mm。露出的上端管冷凝管设计成与垂直方向为75°±3°角,在冷凝浴内的冷凝管可以是直管,也可以是弯曲成任何平滑曲线的曲管。冷凝曲管相对于水平面的平均梯度为 15°±1°,任意 10 cm 长度段的梯度均不能超出15°±3°的范围,露出的冷凝管下端应设计成向下弯曲,其长为 76 mm,且末端应切成锐角。为使馏出物沿接收器筒壁流下,可采用液滴导流器在冷凝管出口,或也可使冷凝管下端稍微向后弯曲,以确保其在低于接收量筒 25~32 mm 处与量筒壁接触。冷凝浴的体积和构造依所用的冷却介质而定,浴的冷却能力应足以在冷却过程中维持所规定的温度,从而使冷凝器发挥最佳作用。一个冷凝浴可用于多个冷凝管。

蒸馏烧瓶使用的金属防护罩或围屏(只用于手动仪器):

用于燃气加热器的防护罩——通常罩的高为 480 mm,长为 280 mm,宽为200 mm,由厚度为 0.8 mm 的金属片制成。此罩至少应开一个窗口,以便在蒸馏末期观察干点。

用于电加热器的防护罩——通常高 440 mm，长为 200 mm，宽为 200 mm，由厚度为 0.8 mm 的金属片制成，并在前部开 1 个窗口。此罩至少应开一个窗口，以便在蒸馏末期观察干点。

加热器：

燃气加热器——能够在规定时间内使试样从低温升温至出现第一滴冷凝液，并在规定速率下完成整个蒸馏过程。应配有灵敏的手动控制阀和燃气压力调节器，以便对加热进行更好的控制。

电加热器——保持低温性良好。

蒸馏烧瓶支架及支板：

用于燃气加热器的蒸馏烧瓶支架——这种支架可为实验室常用的环形支架，直径为 100 mm 或更大，支撑在罩内部的托架上，或为在罩外可调节的平台。在环形支架或平台上安装一个由陶瓷或其他耐热材料制成的硬板，板厚 3~6 mm，中心开一个直径 76~100 mm 的孔，其外缘尺寸稍小于罩的内边缘。

用于电加热器的蒸馏烧瓶支架——该装置包括一套安放电加热器的可调节系统，在电加热器上方配有放置蒸馏烧瓶支板的装备。整个装置可从罩外进行调节。

蒸馏烧瓶支板——蒸馏烧瓶支板由 3~6 mm 厚的陶瓷或其他耐热材料制成。蒸馏烧瓶支板根据中心开孔尺寸的大小分为 A、B、C 三类，各类尺寸详见表 5-8。蒸馏烧瓶支板的尺寸应足以保证加热蒸馏烧瓶的热量仅来自其中心开孔，而使蒸馏烧瓶其他部位的受热量减至最小。

表 5-8　仪器准备

项目	1组	2组	3组	4组
蒸馏烧瓶/mL	125	125	125	125
蒸馏用温度计型号（ASTM）	7C(7F)	7C(7F)	7C(7F)	8C(8F)
蒸馏用温度计范围（IP）	低	低	低	高
蒸馏烧瓶支板孔径/mm	B 38	B 38	B 50	B 50
蒸馏开始时温度蒸馏烧瓶/℃	13~18	13~18	13~18	不高于环境温度
蒸馏烧瓶/℉	55~65	55~65	55~65	
蒸馏烧瓶支板和防护罩	不高于环境温度	不高于环境温度	不高于环境温度	—
接收量筒和试样/℃	13~18	13~18	13~18	13至环境温度
接收量筒和试样/℉	55~65	55~65	55~65	55至环境温度

蒸馏烧瓶支板应能在不同水平方向上作轻微移动以适应蒸馏烧瓶的位置,使蒸馏烧瓶只能通过支板的开孔进行直接加热。通常蒸馏烧瓶的位置可通过调节插入冷凝器的蒸馏烧瓶支管长度来调整。蒸馏烧瓶支架装置应能垂直移动,以便蒸馏烧瓶支板在蒸馏过程中能直接接触到蒸馏烧瓶的底部。向下移动此装置可以方便地安装或拆卸蒸馏烧瓶。

接收量筒:接收量筒应能够测量和收集(100±1.0)mL 试样,其底部形状应能使空量筒放置在与水平面为 13°角的台面上时不倾覆。

手动法量筒 100 mL 量筒,至少从 5 mL 开始有间隔为 1 mL 的刻度。

自动法量筒——只要不影响液位跟踪器的操作,允许在量筒低于 100 mL 的体积处刻线。用于自动仪器的接收量筒也可有一个金属底座。

如果需要,在蒸馏过程中,接收量筒可浸入冷却浴的冷却介质中,浸没深度高于量筒 100 mL 刻线,冷却浴为透明玻璃或透明塑料制的高型烧杯,或者将接收量筒放置于恒温浴空气循环室中。

残留物量筒——5 mL 或 10 mL 带刻度量筒,分度值为 0.1 mL,刻线从 0.1 mL 开始。量筒顶口可卷边。

温度测量装置:

玻璃水银温度计——使用后应该放回套子和搪瓷盒子。应符合石油相关产品的 E1 或 IP 标准规范。ASTM 7C/IP5C 和 ASTM 7F 为低温范围温度计,ASTM 8C/IP 6C 和 ASTM 8F 为高温范围温度计。当温度计持续暴露在高于 370℃的温度下较长时间后,应对温度计进行零点校验和检定,否则温度计不能再次使用。

其他温度测量系统,只要证实具有与玻璃水银温度计相同的温度滞后、露出液柱影响以及精度,也可使用。其他温度测量系统应具有模拟玻璃水银温度计温度滞后的能力。温度传感器也可置于套筒中,使其尖端部被覆盖,这样温度传感器系统因其热质量和导热性经过调整,而具有与玻璃水银温度计相近的温度滞后时间。当发生争议时,应使用规定的玻璃水银温度计。

温度传感器中心定位系统——温度传感器可通过一个紧密配合的装置装配到蒸馏烧瓶颈部而不造成蒸气泄漏,该装置专门用于传感器的中心定位。

气压计:能够测量与仪器所在实验室具有相同海拔的当地观测点大气压的气压测量装置,测量精度为 0.1 kPa 或更高。

三、测试步骤

(一)取样

按被测样品的特性确定样品所属组别(表5-9),当试验步骤与组别相关时,应在开头标记组的序号。

表5-9　组别特性

样品特性	1组	2组	3组	4组
馏分类型				
蒸气压				
(37.8℃,kPa)	≥65.5	<65.5	<65.5	<65.5
蒸馏特性				
初馏点(℃)			≤100	>100
初馏点(℉)			≤212	>212
终馏点(℃)	≤250	≤250	>250	>250
终馏点(℉)	≤482	≤482	>482	>482

取样应根据相关标准方法进行,详见表5-10。

表5-10　取样、样品储存和样品处理

项目	1组	2组	3组	4组
样品瓶温度(℃)	<10			
样品储存温度(℃)	<10	<10	环境温度	环境温度
分析前样品处理后温度(℃)	<10	<10	环境温度或高于倾点9~21	
取样时含水	重新取样	重新取样	干燥	
重新取样仍含水	干燥			

1组——将样品瓶的温度调整至10℃以下,最好将经冷却的液体样品装入样品瓶中,并弃去初始样品。如果不可能实现,例如所采取的样品处于环境温度,则将所采取的样品置于预先冷却至低于10℃的样品瓶中,并以搅动最小的方式进行取样。立即用密合的塞子封好样品瓶。

2组、3组和4组——在环境温度下采取样品,取样后立即用密合的塞子封好样品瓶。

样品储存:如果取样后不立即开始试验,样品应按以下所述和表5-10的规定进行储存。所有样品在储存期间应避开阳光直射和热源。

1组——样品应在低于10℃的温度下储存。

2组——样品应在低于10℃的温度下储存。

3组和4组——样品可在环境温度或低于环境温度的条件下储存。

分析前的样品处理:在打开样品瓶前,样品应经处理调整至表5-10所规定的温度。

1组和2组——在打开样品瓶之前,样品应调整至低于10℃。除非样品立即测试并符合表5-10所规定的温度。

3 组和 4 组——如果在环境温度下样品不呈液态,在分析之前应将其加热至高于其倾点 9~21℃。如果试样在储存过程中有部分或完全同化,在打开样品瓶之前,在样品熔化后应将其剧烈摇动使其均匀。

如果样品在环境温度下不呈液体,则表 5-10 中所规定的蒸馏烧瓶和样品的温度范围不适用。

(二) 仪器准备

参考表 5-8 准备仪器,对应指定的组别选择合适的蒸馏烧瓶、温度测量装置和蒸馏烧瓶支板。将接收量筒、蒸馏烧瓶和冷凝浴调节到规定温度。

采取必要的措施,使冷凝浴和接收量筒的温度保持在规定的温度下。接收量筒应浸没在一个冷却浴中,并使浸入液面至少达到量筒的 100 mL 刻线,也可将整个接收量筒用空气循环室包围起来。

1 组、2 组和 3 组——用作低温浴的合适介质可包括碎冰和水、冷冻的盐水、冷冻的乙二醇等。

4 组——用于环境温度或高于环境温度的浴的合适介质可包括冷水、热水或加热的乙二醇等。

可用缠在细绳或铁丝上的无绒软布将冷凝管内的残留液体除去。

按以下方法对仪器进行校准:

使用所规定的玻璃水银温度计以外的温度测量系统时,其温度滞后、露出液柱影响和精度应与规定的玻璃水银温度计相同。应在不超过 6 个月的时间间隔对这些温度测量系统的校准予以验证,并且在系统进行更换和修理后也需校验。

使用标准精密电阻对电路和/或计算法的精度和校准进行验证,当进行验证时,不可采用计算法对温度滞后和露出液柱的影响进行修正(见仪器说明书)。对温度测量装置的校验可按本方法 1 组的要求对甲苯进行蒸馏,并与表 5-11 中规定的 50% 回收温度相比较。

如果在所使用的相关仪器中测定的温度读数未达到表 5-11 规定的值,则认为此温度测量装置不合格,不能用于本方法。

应使用分析纯的甲苯和十六烷作为校验液,但只要确保此纯度的试剂不会降低本方法的测定精度,也可以使用其他级别的试剂。

采用十六烷对温度测量系统的高温校准进行验证。在 50% 回收体积时,温度测量系统应显示与表 5-11 中 4 组的蒸馏条件和相关仪器所对应温度相当的温度结果。

表5-11　校验液真实沸点和测得50%回收体积时的最低和最高沸点(℃)

项目		手动法		自动法	
		本方法测得50%体积时		本方法测得50%体积时	
		最低沸点	最高沸点	最低沸点	最高沸点
甲苯	真实沸点	1组、2组和3组			
	110.6	105.9	111.8	108.5	109.7
十六烷	真实沸点	4组			
	287.0	272.2	283.1	277.0	280.0

对于自动方法,自动蒸馏测定仪中的液位跟踪器或记录装置对 5 mL 和 100 mL之间各体积应有 0.1 mL 或更好的分辨率,最大误差为 0.3 mL。应根据仪器说明书,在不超过 3 个月的时间间隔对仪器的校准进行验证,并在系统经过更换和修理后也需进行校验。自动仪器测量的大气压读数应用规定的气压计进行校验,校验周期不应超过 6 个月,在系统经过更换或修理之后也需进行校验。

(三)操作步骤

首先记录环境大气压,然后对样品进行测试。

对 1 组和 2 组样品,要确保样品符合表 5-11 的规定。将低温范围温度计,用密合软木塞或硅橡胶或由其他相当的聚合材料制成的塞子,紧紧地装配在样品容器的颈部,并使样品的温度达到表 5-9 规定的温度。

对 1 组、2 组、3 组和 4 组,按表 5-11 的规定检查样品温度,精确量取试样至接收量筒的 100 mL 刻线,然后将试样尽可能全部转移至蒸馏烧瓶中,注意不能有液体流到蒸馏烧瓶支管中。

对 3 组和 4 组,在环境温度下如果样品不是液体,在分析之前应将样品加热至高于其倾点 9~21℃。在待测阶段如果样品部分或全部呈固态,应在样品熔化后剧烈振荡,以确保样品均匀。不用参考表 5-11 中规定的接收量筒和试样的温度范围。在分析前,将接收量筒加热到与样品温度基本相同。将加热的样品精确地倒至接收量筒 100 mL 刻线处,然后将接收量筒中的试样尽可能全部转移至蒸馏烧瓶中,确保没有试样流入蒸馏烧瓶支管。

预期试样会出现不规则沸腾(爆沸),可向试样中加入少量沸石。在蒸馏过程中,需添加沸石时,必须将蒸馏液冷却后,方可加入少量沸石,否则会出现爆沸。

通过规定的紧密配合装置将温度传感器定位于蒸馏烧瓶颈部的中心位置。如果使用温度计,温度计感温泡位于瓶颈的中心,温度计毛细管的底端应与蒸馏烧瓶支管内壁底部的最高点齐平。如果使用热电偶或电阻温度计,应根据仪器说明书进行装配。

用密合的软木塞、硅橡胶塞或由其他相当的聚合材料制成的塞子,将蒸馏烧瓶支管紧紧地与冷凝管相连。调节蒸馏烧瓶使其处于直立的位置,并使蒸馏烧瓶支管伸到冷凝管内 25～50 mm。升高并调节蒸馏烧瓶支板使其紧紧地接触蒸馏烧瓶的底部。

将先前量取过试样、未经干燥的接收量筒放入冷凝管末端下方已控温的冷却浴中。冷凝管的末端应位于接收量筒的中心,且伸入量筒中至少 25 mm,但不能低于量筒的 100 mL 刻线。

初馏点测定:

手动法——用吸水纸或类似的材料盖住接收量筒,以减少蒸馏中的蒸发损失,用于覆盖的纸或材料应紧贴冷凝管以便将量筒盖严。如果使用接收导流器,使导流器的尖端恰好接触接收量筒内壁;如果未使用接收导流器,应使冷凝管滴液尖端不接触接收量筒内壁。开始蒸馏,注明蒸馏开始时间。观察并记录初馏点,精确至 0.5℃。如果未使用接收导流器,当观察到初馏点后,应立即移动接收量筒以使冷凝管滴液尖端接触到量筒内壁。

自动法——采用仪器制造商提供的装置以减少蒸馏过程中的蒸发损失。使接收导流器的尖端恰好接触接收量筒内壁,开始加热蒸馏烧瓶和试样。注明蒸馏开始时间。记录初馏点,精确至 0.1℃。

调整加热,使从开始加热到初馏点的时间间隔、从初馏点到 5% 回收体积的时间间隔符合表 5-12 的规定,从 5% 回收体积到蒸馏烧瓶中残留 5 mL 液体时的均匀平均冷凝速率为 4～5 mL/min。

表 5-12 试验条件

项目	1组	2组	3组	4组
冷浴温度(℃)	0～1	0～5	0～5	0～60
接收量筒周围冷却浴温度(℃)	13～18	13～18	13～18	装样温度±3
从开始加热到初馏点时间(min)	5～10	5～10	5～10	5～15
从初馏点到5%回收体积时间(min)	60～100	60～100		
从5%回收体积到5 mL 残留物的均匀平均速率(mL/min)	4～5	4～5	4～5	4～5
从5 mL残留物到终馏点时间(min)	≤5	≤5	≤5	≤5

若蒸馏过程中未能符合规定,应重新进行蒸馏。

如果观察蒸馏烧瓶中液体出现热分解初始迹象时,应停止加热,馏出液完全滴入接收量筒内。

在初馏点和终馏点之间,观察并记录计算和报告出规格所要求的,或事先确定的试验结果所需的数据。这些观察到的数据可包括在规定的回收百分数时的温度读数和/或在规定温度读数时的回收百分数。

手动法记录接收量筒的体积读数,精确至 0.5 mL;记录温度读数,精确至 0.5℃。

自动法记录接收量筒的体积读数,精确至 0.1 mL;记录温度读数,精确至 0.1℃。

1 组、2 组、3 组和 4 组——如果未指明有特殊的数据要求,记录初馏点、终馏点和/或干点,在 5%、15%、85% 和 95% 回收体积时的温度读数,以及 10%~90% 回收体积之间每 10% 回收体积倍数时的温度读数。

4 组——当用高温度范围温度计测量喷气燃料或类似产品时,有关的温度计读数可能会被中心定位装置所遮挡。如果需要这些数据,应按 3 组的规定另做一个蒸馏试验。这样可以用低温范围温度计上的读数代替所遮挡的高温范围温度计上的读数予以报告,但需在试验报告中注明。如果按协议,被遮挡的温度计读数可以放弃,在试验报告也应注明。

如果试样的蒸馏曲线在规定报告的蒸发体积或回收体积区域出现一个快速变化的斜率,若需报告蒸发体积或回收体积时相应的温度读数,记录每 1% 回收体积的温度读数。如果对规定的数据点用式(5-3)、式(5-4)计算的特定区域斜率变化 C 大于 0.6(斜率变化 F 大于 1.0),则认为此斜率变化迅速:

$$斜率变化\ C = (C_2 - C_1)/(V_2 - V_1) - (C_3 - C_2)/(V_3 - V_2) \quad (5-3)$$

$$斜率变化\ F = (F_2 - F_1)/(V_2 - V_1) - (F_3 - F_2)/(V_3 - V_2) \quad (5-4)$$

式中:

C_1——测定点前一个体积分数所对应的温度读数,℃;

C_2——测定点体积分数所对应的温度读数,℃;

C_3——测定点后一个体积分数所对应的温度读数,℃;

F_1——测定点前一个体积分数所对应的温度读数,℉;

F_2——测定点体积分数所对应的温度读数,℉;

F_3——测定点后一个体积分数所对应的温度读数,℉;

测定点前一个体积分数,%;

V_2——测定点体积分数,%;

V_3——测定点后一个体积分数,%。

当蒸馏烧瓶中残留液体约为 5 mL 时,最后一次调整加热,使蒸馏烧瓶中 5 mL 残留液体蒸馏到终馏点的时间符合表 5-11 规定的范围。如果未满足此条件,则需对最后加热调整进行适当修改,并重新试验。

如果实际的轻组分损失与估计值相差大于 2 mL,应重新进行试验。

根据需要观察并记录终馏点和/或干点,并停止加热。加热停止后,使馏出液完全滴入接收量筒内。

手动法——当冷凝管中连续有液滴滴入接收量筒时,每隔 2 min 观察并记录冷凝液体积,精确至 0.5 mL,直至两次连续观察的体积相同。准确测量接收量筒内液体的体积,记录并精确至 0.5 mL。

自动法——仪器将连续监测回收体积,直至在 2 min 之内回收体积的变化小于 0.1 mL,准确记录接收量筒内液体的体积,并精确至 0.1 mL。

记录接收量筒内液体体积相应的回收百分数。如果由于出现分解点蒸馏提前终止,那么从 100% 中减去回收百分数,报告此差值作为残留百分数和损失百分数之和,并省略以下步骤。

待蒸馏烧瓶冷却之后,且未观察到再有蒸气出现时,从冷凝管上拆下蒸馏烧瓶,将其内容物倒入一个 5 mL 带刻度量筒中,将蒸馏烧瓶倒悬在量筒上,让蒸馏烧瓶内液体滴下,直至观察到量筒内的液体体积无明显增加,测量带刻度量筒中液体的体积,精确至 0.1 mL,记作残留百分数。如果 5 mL 带刻度量筒在 1 mL 以下无刻度,而液体体积不到 1 mL,则先向量筒中加入 1 mL 较重的油,以便较好地测量回收液体的体积。如果得到的残留物比预期的多,且蒸馏不是在终馏点之前被人为终止的,检查蒸馏过程中加热是否足够,且试验过程中各条件是否满足表 5-11 的规定,如果没有,应重新试验。对于 1 组、2 组、3 组和 4 组,记录 5 mL 带刻度量筒内液体的体积,精确至 0.1 mL,作为残留百分数。

如果需测定规定校正温度读数时的蒸发百分数或回收百分数,则修改试验步骤。

检查冷凝管和蒸馏烧瓶支管中的蜡状或固体沉积物,如果有沉积物,调整后重新试验。

四、结果小结

(一)计算

总回收百分数为最大回收百分数和残留百分数之和。用 100% 减去总回收百分数得到损失百分数。

不用对大气压作弯月面凹降修正,不用调校大气压至海平面读数。

将温度读数修正到 101.3kPa 标准大气压,每个温度读数的修正值可按式 (5-5)、式(5-6)或式(5-7)得到,或可使用表 5-12 进行修正。

表 5-12　近似的温度读数修正值

温度范围/℃	每 1.3 kPa(10 mmHg) 压差的修正值	温度范围/℃	每 1.3 kPa(10 mmHg) 压差的修正值
10~30	0.35	210~230	0.59
30~50	0.38	230~250	0.62
50~70	0.40	250~270	0.64
70~90	0.42	270~290	0.66
90~110	0.45	290~310	0.69
110~130	0.47	310~330	0.71
130~150	0.50	330~350	0.74
150~170	0.52	350~370	0.76
170~190	0.54	370~390	0.78
190~210	0.57	390~410	0.81

$$C_C = 0.0009(101.3 - P_K)(273 + t_C) \qquad (5-5)$$

$$C_f = 0.00012(760 - P)(273 + t_f) \qquad (5-6)$$

式中:t_C——观测温度读数,℃;

t_f——观测温度读数,℉;

C_C 和 C_f——待加(代数和)到观测温度读数上的修正值;

P_K——在试验当时和当地的大气压,kPa;

P——在试验当时和当地的大气压,mmHg。

将所得修正值对观测温度读数进行修正,并根据所使用的仪器,将结果修约至 0.5℃或 0.1℃,后续的计算和报告都应使用经过大气压修正的校正温度读数。

当温度读数修正到 101.3 kPa 时,将实际损失百分数也修正到 101.3 kPa(760 mmHg),校正损失 L_C 用式(5-7)或式(5-8)计算:

$$L_C = 0.5 + (L - 0.5)/[1 + (101.3 - P_K)/8.00] \qquad (5-7)$$

$$L_C = 0.5 + (L - 0.5)/[1 + (760 - P)/60.0] \qquad (5-8)$$

式中:L——观测损失;

L_C——校正损失;

P_K——大气压,kPa;

P——大气压,mmHg。

以下公式计算相应的校正回收百分数:

$$R_C = R + (L - L_C) \qquad (5-9)$$

式中:L——观测损失;

L_c——校正损失;

R——回收百分数;

R_c——校正回收百分数。

要得到在规定温度读数时对应的蒸发百分数,将损失百分数加到规定温度时得到的每个观测回收百分数上,并报告这些结果作为相应的蒸发百分数,如下:

$$P_e = P_r + L \qquad (5-10)$$

式中:L——观测损失;

P_e——蒸发百分数;

P_r——回收百分数。

要得到在规定蒸发百分数时对应的温度读数,如果在规定的蒸发百分数时,没有在 0.1% 体积内记录的温度数据,可采用下面两个步骤中的任一步骤,并在结果报告中注明是使用了计算法还是图解法。

计算法——先从每个规定的蒸发百分数之中减去观测损失,以得到相应的回收百分数,再计算所需的温度读数如下:

$$T = T_L + (T_H - T_L)(R - R_L)/(R_H - R_L) \qquad (5-11)$$

式中:R——与规定蒸发百分数相应的回收百分数;

R_H——邻近并高于 R 的回收百分数;

R_L——邻近并低于 R 的回收百分数;

T——在规定蒸发百分数时的温度读数,℃;

T_H——在 R_H 时记录的温度计读数,℃;

T_L——在 R_L 时记录的温度计读数,℃。

图解法——使用有均匀细刻线的图纸,将每个经大气压修正(如需要)的温度读数,对其相应的回收百分数作图。在 0 回收处绘出初馏点,连接各点绘制一条平滑曲线,对每个规定蒸发百分数减去损失百分数得到其相应的回收百分数,从绘制的曲线中得到此回收百分数所对应的温度读数。用图解法内插得到的数据受人为绘制曲线的精确度影响。

对于大部分的自动仪器,温度-体积数据以 0.1% 体积或更小的间隔采集并储存在存储器中,要报告在规定蒸发百分数时的温度读数,从数据库中直接得到与规定蒸发百分数最接近且相差在 0.1% 体积之内的相应温度。

(二)结果报告

报告大气压精确至 0.1 kPa(1 mmHg),以百分数形势报告所有体积读数。

手动法——体积读数精确到 0.5,温度读数精确到 0.5℃。

自动法——体积读数精确到 0.1,温度读数精确到 0.1℃。

温度读数经大气压修正后,下述数据报告前不需作进一步的计算:初馏点、干点、终馏点、分解点和所有回收百分数相对应的温度读数。

报告中应指明温度读数是否经过大气压修正。在温度读数未被修正到 101.3 kPa(760 mmHg)时,分别报告残留百分数和损失百分数。计算蒸发百分数时不要采用校正损失。

当测定试样为汽油或 1 组的其他产品,或者试样蒸馏测定的损失百分数大于 2.0%时,建议报告温度读数和蒸发百分数之间的关系,对其他情况,可报告温度读数与蒸发百分数或回收百分数的关系。每份报告应明确指出所采用的对应关系。

手动法如果结果是以蒸发百分数对温度读数给出的,报告是采用了计算法还是图解法。

(三) 精密度

精密度通过统计实验室间的测试结果确定,具体如下:

重复性:同一操作者,同一台仪器,在同样的操作条件下,对同一试样进行试验,所得到的两个试验结果之间的差值,在正常且正确操作下,从长期来说,20 次中只有 1 次超过以下值:

蒸发百分数对应的重复性

IBP:$r = 0.0295(E+51.19)$ 有效范围 $20\sim70℃$

E10:$r = 1.33$ 有效范围 $35\sim95℃$

E50:$r = 0.74$ 有效范围 $65\sim220℃$

E90:$r = 0.00755(E+59.77)$ 有效范围 $110\sim245℃$

FBP:$r = 3.33$ 有效范围 $135\sim260℃$

回收百分数对应的重复性

IBP:$r = 0.018$ 有效范围 $145\sim220℃$

T10:$r = 0.0049T$ 有效范围 $160\sim265℃$

T50:$r = 0.94$ 有效范围 $170\sim295℃$

T90:$r = 0.0041T$ 有效范围 $180\sim340℃$

T95:$r = 0.01515(T-140)$ 有效范围 $260\sim340℃$(柴油)

FBP:$r = 2.2$ 有效范围 $195\sim365℃$

其中:

E——有效范围内的蒸发百分数对应的温度,℃;

T——有效范围内的回收百分数对应的温度,℃。

五、讨论

检测过程中提到的热分解的特性表现为在蒸馏烧瓶中出现烟雾,且温度计读数不稳定,即使在调节加热后,温度计读数通常仍会下降。

在实际使用中一般采用终馏点,而不是干点。对于一些特殊用途的石脑油,如油漆工业用石脑油,可以报告干点。当某些样品的终馏点测定精密度总不能达到所规定的要求时,也可以用干点代替终馏点。

1组和2组,一旦进行最后一次调整加热,蒸气温度将继续增加。随着蒸馏接近终点(终馏点)蒸馏通常先达到干点,干点达到后蒸馏温度可能继续增加,此时烧瓶底部干了,但是烧瓶侧面和颈部以及温度传感器仍会有蒸气凝结。蒸气凝结有可能是一团白色的烟云,在蒸馏温度开始下降前烟云应该完全包裹温度测量传感器。如果这些现象没有发生,终点可能尚未达到。合适的做法是重复试验并在最后一次调整加热时调高温度,通常当干点到达时蒸气温度会继续上升,接近终点时蒸气烟云会包裹温度传感器,此时温度上升速度缓慢并趋平,一旦到达终点蒸气温度开始并持续下降。如果蒸气温度在持续上升过程中开始下降然后又上升并如此反复,是最后一次调整加热温度过高。如果是这样,重复试验并降低最后调整加热的温度设置。含有高沸点物质的样品可能在分解点出现前无法获得干点或终馏点。

如果待测样品含有可见的水,则不适于测试。如果样品含水,应另取一份无悬浮水的样品。

1组和2组样品如果不能得到无悬浮水的样品,可按如下所述除去样品中的悬浮水:将样品保持在0~10℃,每100 mL样品中加入约10 g无水硫酸钠,振荡混合物约2 min,然后将混合物静置约15 min。当样品中无可见悬浮水时,用倾倒法倒出样品,将其保持在1~10℃待分析用。在结果报告中应注明试样曾用干燥剂干燥过。

3组和4组样品如果没有不含水的样品,可将含悬浮水的样品与无水硫酸钠或其他合适的干燥剂一起振荡,用倾倒法将样品从干燥剂中分离出来,以除去悬浮的水。在结果报告中应注明试样曾用干燥剂干燥过。

参 考 文 献

[1]魏海仓.浅谈石油产品质量快速检测技术的需求和发展[J].中小企业管理与科技,2016,(9):229-229.

[2]张健健,胡建强,杨士钊.石油产品水分检测技术研究现状及进展[J].当代化工,2016,45(1):210-212.

[3]欧艳丽.浅谈石油产品质量快速检测技术的需求和发展[J].科学技术创新,2016(2):58-58.

[4]曾令羲.石油产品质量快速检测技术的研究和应用[J].中国化工贸易,2021(9):83-84.

[5]聂巍巍.石油产品水分检测技术研究及改进[J].中国石油和化工标准与质量,2019,39(21):47-48.

[6]周永良,王朔.浅析石油产品水分检测技术研究现状及进展[J].化工管理,2019(1):1.

[7]王莹.石油产品水分检测技术研究现状及进展[J].商品与质量,2018(41):201-205.

[8]肖龙.关于石油产品中硫含量的检测技术及重要性[J].中国化工贸易,2017(32):68.

[9]张桂芝,王殿明,杨潘溪.泄漏检测与修复技术在石油炼化装置中的应用[J].石化技术,2017,24(12):108.

[10]韩有国.当前我国石油地质测试技术的应用研究[J].化工管理,2018(9):79.

[11]刘名扬,杨铎,郭慧慧.俄罗斯进口石油中硫含量检验标准的比对研究[J].检验检疫学刊,2022(3):7-9.

[12]吴少炯,张双财,张国玉.石油输油泵站压力管道全面检验方法与检验重点分析[J].工程建设,2019,2(8):59-61.

[13]崔昊.石油产品水分检测技术研究及改进分析[J].商品与质量,2020,(8):151.

[14]张静宇,孙秉才,冯兴.石油石化企业泄漏检测技术现状及前景[J].油气田环境保护,2020,30(2):37-40.

[15]辛永亮,胡建强,杨士钊.石油产品微量酸值检测技术研究[J].山东化工,2017,46(21):101-102.

[16]郭志伟.石油产品水分检测技术研究现状及进展[J].百科论坛电子杂志,2018(7):724.

[17]杜志宏.石油产品水分检测技术应用分析[J].中国石油和化工标准与质量,2020(14):59-60.

[18]崔博宇.浅析石油产品水分检测技术研究现状及进展[J].中国新技术新产品,2017(2):46-47.

[19]吴凡,王文佳.石油产品水分检测技术研究进展[J].石化技术,2016,23(9):130-131.

[20]黄莉.石油产品检测技术的开发与应用[J].民营科技,2017(5):22.

[21]董磊.石油产品水分检测技术研究及改进[J].化工设计通讯,2019,45(7):126-127.

[22]李复.关于石油井下地震仪器及其检测技术探究[J].化工管理,2017(16):44.

[23]张艳,胡玉星.石油产品检测技术开发与应用[J].化工管理,2017(26):233.

[24]韩文礼,蒋林林,刘茜.在役石油储罐的在线检测技术应用现状[J].石油工程建设,2019,45(4):1-4.

[25]杨帆.中国石化无锡石油地质研究所实验地质技术之油气微生物检测技术[J].石油实验地质,2016(3):284.

[26]商永刚.石油储罐油水界面检测技术的应用[J].内蒙古石油化工,2021,47(10):76-77.